Isabell Wirth

Berücksichtigung dielektrischer Materialeigenschaften in der Finiten-Elemente-Simulation von HGÜ-Isoliersystemen

Ilmenauer Beiträge zur elektrischen Energiesystem-, Geräte- und Anlagentechnik (IBEGA)

Herausgegeben von
Univ.-Prof. Dr.-Ing. Dirk Westermann
(Fachgebiet Elektrische Energieversorgung) und
Univ.-Prof. Dr.-Ing. Frank Berger
(Fachgebiet Elektrische Geräte und Anlagen)
an der Technischen Universität Ilmenau.

Band 26

Isabell Wirth

Berücksichtigung dielektrischer Materialeigenschaften in der Finiten-Elemente-Simulation von HGÜ-Isoliersystemen

Universitätsverlag Ilmenau
2020

Impressum

Bibliografische Information der Deutschen Nationalbibliothek
Die Deutsche Nationalbibliothek verzeichnet diese Publikation in der Deutschen Nationalbibliografie; detaillierte bibliografische Angaben sind im Internet über http://dnb.d-nb.de abrufbar.

Diese Arbeit hat der Fakultät für Elektrotechnik und Informationstechnik der Technischen Universität Ilmenau als Dissertation vorgelegen.

Tag der Einreichung:	25. April 2019
1. Gutachter/-in:	Univ.-Prof. Dr.-Ing. Frank Berger (Technische Universität Ilmenau)
2. Gutachter/-in:	Prof. Dr.-Ing. Andreas Küchler (Hochschule für angewandte Wissenschaften Würzburg-Schweinfurt)
3. Gutachter/-in:	Dr.-Ing. Bernhard Heil (HSP Hochspannungsgeräte GmbH, Troisdorf)
Tag der Verteidigung:	19. Dezember 2019

Technische Universität Ilmenau/Universitätsbibliothek
Universitätsverlag Ilmenau
Postfach 10 05 65
98684 Ilmenau
https://www.tu-ilmenau.de/universitaetsverlag

ISSN 2194-2838
ISBN 978-3-86360-215-4 (Druckausgabe)
DOI 10.22032/dbt.41185
URN urn:nbn:de:gbv:ilm1-2019000601

Abstract

Consumer-remotely generated electricity from renewable energies can be transported over long distances most economically by means of high-voltage direct current (HVDC) transmission. The HVDC leads to a change in the electrical stress on the high-voltage components. Transient processes determine the electric field distributions.

Calculations of electrical field distributions in insulation systems for high-voltage direct current (HVDC) transmission using the finite element method (FEM) by default consider the dielectric properties in the form of permittivities and parameter-dependent conductivities. Thereby, slow polarisation processes are not considered. Meanwhile, there is an approach for FEM calculations that describes polarisation behaviour of solid dielectrics indirectly by time-dependent apparent conductivities according to Curie-von Schweidler's power function. This is an integral approximation which is valid for a special case of material behaviour. A direct physical description of individual polarisation processes and of their temperature dependences is possible by means of Debye's approach for linear polarisation behaviour which is often appropriate for solid dielectrics. These processes can also be well described by equivalent networks with resistances and capacitances. Nevertheless, complex geometrical structures requiring a fine spatial discretization, cannot be described by equivalent circuits at reasonable effort anymore.

For FEM calculation of complex insulation systems, a description of slow polarisation processes in insulating materials is therefore desirable. Differential equations should be directly implemented into the FEM in order to consider individual polarisation processes as well as their superposition, according to demand. In this work, differential equations based on the well-known Debye approach, and in analogy with the equivalent-circuit model, are directly implemented into the FEM. Thereby, field-dependent and temperature-dependent polarisation currents are represented individually and additionally to the equations describing displacement currents and conduction currents. Material functions and their parameters are determined by measuring the polarisation and depolarisation currents (PDC).

The implementation of any desired polarisation mechanisms in a FEM program has closed a gap in the computational possibilities of complex and even three-dimensional insulation systems, which often have stationary or transient temperature gradients and which show transient electrical field distributions.

For the verification of the described calculation method, measurements of transient voltage profiles were made at the grading layers of modified high voltage bushings being stressed with DC voltage, polarity reversals and being subject to thermal gradients. It is shown that a previously unattainable agreement of the transient and stationary potential profiles between FEM simulation and measurement can be achieved. Effects on test and load scenarios are discussed based on simulation results.

Kurzfassung

Verbrauchsfern erzeugter Strom aus regenerativen Energien kann über große Distanzen am wirtschaftlichsten mittels der Hochspannungsgleichstromübertragung (HGÜ) transportiert werden. Die HGÜ führt zu einer veränderten elektrischen Belastung der Hochspannungskomponenten. Transiente Übergangsvorgänge bestimmen die elektrischen Feldverteilungen.

Bei der Berechnung elektrischer Feldverteilungen in Isoliersystemen für die Hochspannungsgleichstromübertragung (HGÜ) mit Hilfe der Finiten-Elemente-Methode (FEM) wurden die dielektrischen Eigenschaften bisher in Form von Permittivitäten und parameterabhängigen Leitfähigkeiten berücksichtigt. Langsame Polarisationsvorgänge werden dabei nicht berücksichtigt. Inzwischen gibt es den Ansatz, das Polarisationsverhalten fester Isolierstoffen für eine FEM-Berechnung indirekt durch zeitabhängige scheinbare Leitfähigkeiten nach dem Potenzgesetz von Curie-von Schweidler zu beschreiben. Es handelt sich dabei um eine integrale Approximation, die für ein spezielles Materialverhalten gilt. Eine direkte physikalische Beschreibung einzelner Polarisationsmechanismen und ihrer Temperaturabhängigkeiten ist bei linearem Polarisationsverhalten, dass man bei vielen Feststoffen annehmen kann, durch den Ansatz nach Debye möglich, der sich auch durch elektrische Netzwerkmodelle aus Widerständen und Kapazitäten gut abbilden lässt. Komplexe geometrische Strukturen, die eine feine räumliche Diskretisierung erfordern, können jedoch durch entsprechende Ersatzschaltbilder nicht mehr mit vertretbarem Aufwand beschrieben werden.

Für die Berechnung komplexer Isoliersysteme durch die FEM ist deshalb die Beschreibung der langsamen Polarisationsvorgänge im Isolierstoff durch Differentialgleichungen wünschenswert, die direkt in die FEM einbezogen werden und mit denen je nach Bedarf sowohl einzelne Polarisationsmechanismen als auch ihre Überlagerungen berücksichtigt werden können. In dieser Arbeit werden hierfür auf Basis des bekannten Debye-Ansatzes, und in Analogie zum Netzwerkmodell, zusätzlich zu den Gleichungen, die Verschiebungs- und Leitungsströme beschreiben, weitere Differentialgleichungen direkt in die FEM einbezogen, welche die feld- und temperaturabhängigen Polarisationsströme individuell abbilden. Die Materialfunktionen und ihre Parameter werden durch Messung von Polarisations- und Depolarisationsströmen (PDC) ermittelt.

Durch die Implementierung von beliebigen Polarisationsmechanismen in einem FEM-Programm wurde eine Lücke der Berechnungsmöglichkeiten von komplexen, auch dreidimensionalen Isoliersystemen geschlossen, in denen oftmals stationäre oder transiente Temperaturgradienten vorliegen und in denen sich transiente elektrische Feldverteilungen ausbilden.

Zur Verifizierung des beschriebenen Berechnungsverfahrens werden transiente Potentialverläufe an den Steuerbelägen von entsprechend modifizierten Hochspannungsdurchführungen unter Gleich- und Umpolspannungen sowie unter thermischen Gradienten gemessen. Dabei kann eine bisher nicht erreichte Übereinstimmung der transienten und stationären Potentialverläufe zwischen FEM-Simulation und Messung erzielt werden. Auswirkungen auf Prüf- und Belastungsszenarien werden anhand von Simulationen diskutiert.

Danksagung

Die Promotion verdanke ich Professor Markus Zink der mich von der Forschung im Bereich der Hochspannungstechnik und zur Mitarbeit im spannenden Projekt Trans-HK überzeugte, sowie Professor Andreas Küchler der mich motivierte, dass Ziel der Dissertation konsequent im Auge zu behalten. Beide Professoren und auch meine ganze Familie haben mich dabei sehr unterstützt. Danke, dass ihr mir geholfen habt den Schritt zu wagen und den Weg zu gehen!

Nach dem Start war es Professor Frank Berger an der TU Ilmenau, der es möglich machte, in einer konstruktiven Atmosphäre als externe Doktorandin zu promovieren. Hierbei gilt der Dank Professor Bergers Unterstützung durch Fachdiskussionen u. a. im Doktorandenkolloquium und durch Einladung zum sog. Ilmenauer Kreis sowie im Speziellen auch für die positive Zusammenarbeit während meiner Promotion. Sie haben mir immer hilfreich zur Seite gestanden! An dieser Stelle auch ein Dankeschön an Beatrix Müller für Ihre herzliche, organisatorische Hilfe in Ilmenau. Danke an Professor Peter Schaaf für die Begleitung im Rigorosum.

An der Hochschule Würzburg-Schweinfurt wurde ich im Institut für Energie- und Hochspannungstechnik (IEHT) in Schweinfurt durch die Mitarbeiter Michael Fell und Florian Swobodnik unterstützt, vielen Dank. Weitere promovierende Kollegen wie Hans-Peter Öftering, Sebastian Sturm, Christian Dotterweich, Andreas Reumann, Stephan Harrer halfen immer gerne, z. B. mit Diskussionen zu Messproblemen oder zeigten neue Sichtweisen auf - Danke hierfür. Abschlussarbeiten halfen mir sehr bei der Umsetzung von Teilproblemen der Dissertation, die mich selber zu sehr eingenommen hätten. Dafür danke ich Nadja Heßdörfer, Julian Baum, Karina Hopf, Rainer Weiß und Maximilian Moller.

Die Dissertation insbesondere Kapitel 6 hinsichtlich Verifikation wäre nicht möglich gewesen ohne die Unterstützung der HSP Hochspannungsgeräte GmbH. Herr Tim Schnitzler und Herr Friedemann Kleinfeld standen immer als direkte Ansprechpartner zur Verfügung und auch bei Herrn Achim Langens und Herrn Joachim Titze konnte ich auf kompetente Unterstützung zählen. Danke weiterhin für die unkomplizierte Bereitstellung der Probekörper und die offenen Diskussionen. Ein Dankeschön gilt auch Dr. Bernhard Heil für die Bereitschaft, die Aufgabe des dritten Gutachters zu übernehmen.

Durch die Förderung des Bundesministeriums für Bildung und Forschung (BMBF) konnte die Arbeit im Rahmen des Projektes Trans-HK durchgeführt werden (Förderkennzeichen 03EK3533A). Danke für die finanzielle Unterstützung. Danke den Projektleitern Professor Andreas Küchler und Professor Johannes Paulus für die Unterstützung vor und weiterhin auch nach der Beendigung des Projektes. Durch die Diskussionen von Veröffentlichungen und Messergebnissen konnte sich erst der rote Faden und die Kernaussage der Dissertation herauskristallisieren.

Danke all den lieben Menschen die mich in den letzten Jahren unterstützt haben!

Eure Isabell

Inhaltsverzeichnis

ABSTRACT 5

KURZFASSUNG 7

DANKSAGUNG 9

INHALTSVERZEICHNIS 11

SYMBOL- UND ABKÜRZUNGSVERZEICHNIS 13

1 EINLEITUNG 17

2 STAND DER TECHNIK 21

2.1 Ausbildung elektrischer Felder bei Gleichspannung 22
2.2 Simulation von Leitungs- und Polarisationsmechanismen 24
2.2.1 Debye-Ansatz und Netzwerkmodell 25
2.2.2 Ansatz Curie-von Schweidler 29
2.2.3 PNP-Gleichung 30
2.2.4 Finite-Elemente-Methode 32
2.3 Messung von Potentialverteilungen in kapazitiv gesteuerten Hochspannungsdurchführungen 34

3 FRAGESTELLUNG UND METHODISCHES VORGEHEN 41

4 MATHEMATISCHE MODELLIERUNG DER DIELEKTRISCHEN EIGENSCHAFTEN 45

5 IMPLEMENTIERUNG DER DIELEKTRISCHEN EIGENSCHAFTEN IN DIE FEM 49

5.1 Differentialgleichungssystem zur Beschreibung der dielektrischen Materialeigenschaften 49
5.2 Charakterisierung der dielektrischen Materialeigenschaften 50
5.2.1 Elektrische Leitfähigkeit 52
5.2.2 Langsame Polarisationsmechanismen 54
5.2.3 Dielektrizitätszahl und Verlustfaktor 57

6 VERIFIKATION DER MODELLBILDUNG AM BEISPIEL VON HOCHSPANNUNGSDURCHFÜHRUNGEN 59

6.1 Mess- und Simulationsobjekte 60
6.1.1 Materialprobe 60

6.1.2 Aktivteil ... *61*
6.1.3 Durchführung ... *62*
6.2 Simulationsmodell ... 64
6.2.1 Geometrieerstellung ... *65*
6.2.2 Materialparameter ... *65*
6.2.3 Randbedingungen ... *72*
6.2.4 Erweiterung der physikalischen Beschreibung ... *79*
6.2.5 Netz und Löser ... *82*
6.3 Versuchsaufbau ... 83
6.3.1 Versuchsaufbau 1 Aktivteil ... *83*
6.3.2 Versuchsaufbau 2 Durchführung ... *84*
6.4 Simulation und Messung ... 87
6.4.1 Simulation und Messung an der Materialprobe ... *87*
6.4.2 Simulationen und Messungen am Aktivteil ... *88*
6.4.3 Simulationen und Messungen an der Durchführung ... *91*

7 BEISPIELHAFTE ANWENDUNG DER METHODIK AUF PRÜF- UND BELASTUNGSSZENARIEN ... 103

8 ZUSAMMENFASSUNG UND AUSBLICK ... 107

9 QUELLENVERZEICHNIS ... 113

ANHANG ... 119

A: Probenvorbereitung ... 119
B: Elektrische Materialparameter ... 121
C: Thermische Materialparameter ... 123
D: Elektrische Simulation in Microcap ... 126
E: Nebeneffekte Oberflächenströme ... 129
F: Detailansicht Netz ... 133

VERÖFFENTLICHUNGEN ... 135

Symbol- und Abkürzungsverzeichnis

Vektoren werden durch eine kursive und fette Schrift gekennzeichnet. Variable skalare Größen sind nur kursiv dargestellt. Die Einheiten sind entsprechend dem internationalen Einheitensystem (SI-Einheiten) gekennzeichnet. Ausnahmen der Einheiten sind die Temperaturen, für welche oftmals die üblichere Einheit Grad Celsius (°C) genutzt wird. Für die Zeit wird neben Sekunden oftmals Stunden verwendet. Zur besseren Veranschaulichung wird beim elektrischen Feld auf die Einheit kV/mm und beim Potential auf die Einheit kV zurückgegriffen.

Symbole

C	F	Elektrische Kapazität
C_0	F	Vakuumkapazität
C_{Geo}	F	Geometrische bzw. hochfrequente Kapazität
C_k	F	Kapazität beschreibt die durch den Polarisationsmechanismus mit dem Index k speicherbare Ladung
$C_{\varepsilon\mathrm{r}}$	F	Kapazität abhängig von der Dielektrizitätszahl ε_r
$\boldsymbol{D}$	$\frac{\mathrm{A \cdot s}}{\mathrm{m^2}}$	Elektrische Flussdichte/ Verschiebungsdichte
$\boldsymbol{E}$	$\frac{\mathrm{V}}{\mathrm{m}}$	Elektrische Feldstärke
$\boldsymbol{J}$	$\frac{\mathrm{A}}{\mathrm{m^2}}$	Stromdichte
$\boldsymbol{J}_{\mathrm{L}}$	$\frac{\mathrm{A}}{\mathrm{m^2}}$	Stationäre Leitungsstromdichte
$\boldsymbol{J}_{\mathrm{P}}$	$\frac{\mathrm{A}}{\mathrm{m^2}}$	Stromdichte aller Polarisationsvorgänge
$\boldsymbol{J}_{\mathrm{V}}$	$\frac{\mathrm{A}}{\mathrm{m^2}}$	Stromdichteanteil der Verschiebungspolarisation
L	m	Charakteristische Länge
P	W	Leistung einer Wärmequelle
$\boldsymbol{P}$	$\frac{\mathrm{A \cdot s}}{\mathrm{m^2}}$	Elektrische Polarisation
Q	$\frac{\mathrm{W}}{\mathrm{m^2}}$	Wärmequelle
R	Ω	Elektrischer Widerstand

R_∞	Ω	Elektrischer Widerstand des Strömungsfeldes
R_k	Ω	Elektrischer Widerstand beschreibt die durch langsame Polarisation mit dem Index *k* verursachten Verluste
$R_{\tan\delta}$	Ω	Elektrischer Widerstand abhängig vom Verlustfaktor tan δ
T	K	Temperatur
U	V	Spannung
W_a	J	Aktivierungsenergie
β	$\frac{1}{K}$	Isobarer Wärmeausdehnungskoeffizient
β	-	Curie-von Schweidler Faktor
c_P	$\frac{J}{kg \cdot K}$	Spez. Wärmekapazität
ε	$\frac{A \cdot s}{V \cdot m}$	Permittivität/ Dielektrizitätszahl
ε	-	Emissionsgrad
ε_k	$\frac{A \cdot s}{V \cdot m}$	Hilfsgröße beschreibt die durch den Polarisationsmechanismus mit dem Index *k* speicherbare Ladung
ε_r	1	Relative Permittivität/ Dielektrizitätszahl
g	m/s^2	Erdbeschleunigung
h (bzw. α)	$\frac{W}{m^2 \cdot K}$	Wärmeübergangskoeffizient
i	A	Stromfluss
κ	$\frac{S}{m}$	Elektrische Leitfähigkeit
κ_0	$\frac{S}{m}$	Nicht temperaturabhängige elektrische Leitfähigkeit des Strömungsfeldes
κ_∞	$\frac{S}{m}$	Temperaturabhängige elektrische Leitfähigkeit des Strömungsfeldes
κ_k	$\frac{S}{m}$	Temperaturabhängige Hilfsgröße beschreibt die durch die langsame Polarisation mit dem Index *k* verursachten Verluste

κ_{k_ref}	$\frac{\mathrm{S}}{\mathrm{m}}$	Nicht temperaturabhängige Hilfsgröße beschreibt die durch die langsame Polarisation mit dem Index *k* verursachten Verluste
$\mathrm{k_B}$	$\frac{\mathrm{J}}{\mathrm{K}}$	Boltzmann Konstante
λ	$\frac{\mathrm{W}}{\mathrm{m \cdot K}}$	Wärmeleitfähigkeit
ϑ	°C	Temperatur
$\tan\delta$	1	Verlustfaktor

Abkürzungen

AC	**A**lternating **C**urrent, Wechselstrom
DC	**D**irect **C**urrent, Gleichstrom
ESB	**E**rsatz**s**chalt**b**ild
FEM	**F**inite-**E**lemente-**M**ethode
HDÜ	**H**ochspannungs-**D**rehstrom-**Ü**bertragung
HGÜ	**H**ochspannungs-**G**leichstrom-**Ü**bertragung
LCC	**L**ine **c**ommuted **c**onverter, netzgeführter Umrichter
NG	**N**etz**g**erät
OIP	**O**il-**I**mpregnated **P**apier, ölimprägniertes Papier
PDC	**P**olarisations- und **D**epolarisations-Strom (engl. **C**urrent)
RBP	**R**esin-**B**onded **P**aper, Hartpapier
RIP	**R**esin-**I**mpregnated **P**aper, harzimprägniertes Krepppapier
RIS	**R**esin-**I**mpregnated **S**ynthetics, harzimprägnierter papierfreier Kunsstoffflies
TT	**T**renn**t**ransformator
UT	**U**mgebungs**t**emperatur
VSC	**V**oltage-**S**ource **C**onverter, selbstgeführter Umrichter
WKA	**W**ind**k**raft**a**nlagen

1 Einleitung

„Zuletzt hat sich der Anteil der Erneuerbaren im Energiesektor alle 5,5 Jahre verdoppelt. Wenn diese Verdopplung im selben Tempo weitergeht, dann sind die fossilen Brennstoffe deutlich vor 2050 raus aus dem System.“

Johan Rockström, Klimaforscher, März 2017 [Roc17]

Die sogenannte „Energiewende“ fordert und fördert neue Energiekonzepte, um fossile Brennstoffe und damit den CO_2-Ausstoß zu reduzieren. Dabei muss die schwankende räumliche und zeitliche Bereitstellung der regenerativen Erzeuger kompensiert bzw. geregelt werden. Das konventionelle Wechselstromnetz (HDÜ, Hochspannungs-Drehstrom-Übertragung) wird durch die Hochspannungs-Gleichstrom-Übertragung (HGÜ) erweitert. Dabei sollen lange Leitungen (ab ca. 400 km) mittels HGÜ realisiert werden, um die Übertragungskapazität zu erhöhen, indem die Verluste reduziert werden. Des Weiteren kann die Energie der Windkraftanlagen (WKA) aus dem Norden effizient in den Süden transportiert werden (siehe Bild 1)[NEP18]. In dieser Arbeit geht es um elektrische Isoliersysteme in HGÜ-Betriebsmitteln, die elektrisch und thermisch hoch belastet sind: Kabel, Garnituren, Transformatoren und Durchführungen (siehe Bild 1).

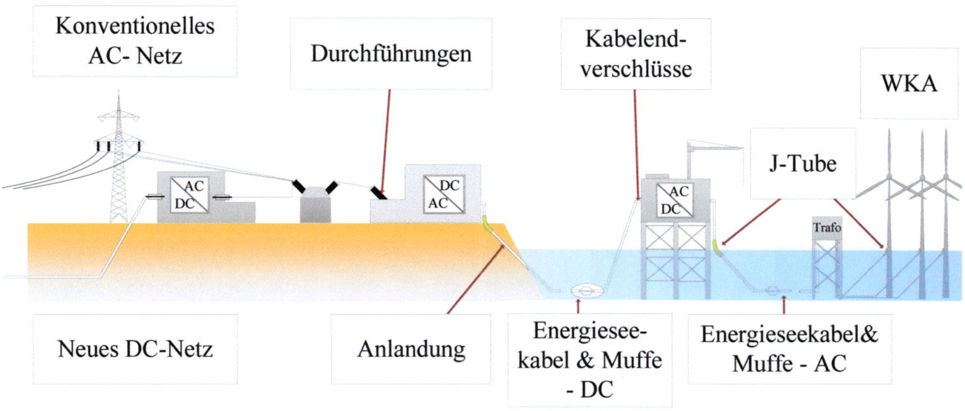

Bild 1: Schematische Darstellung der norddeutschen Offshore-Wind-Anbindung an die Nord-Süd Übertragungsstrecken [Küc16b]

Die Betriebsmittel der Übertragungsstrecke müssen elektrische Beanspruchungen bei reiner Gleichspannung in einem stationären Strömungsfeld (HGÜ) und bei zeitveränderlichen Spannungen in einem dielektrischen Verschiebungsfeld (HDÜ, teilweise auch HGÜ) standhalten. Z. B. wird an HGÜ-Konverterstationen der Drehstrom entweder durch selbstgeführte (VSC) oder fremdgeführte (LCC) Umrichter gleichgerichtet. Es sind Transformatoren vorgeschaltet, deren Wicklungs- und Durchführungsisolierungen im LCC-Anlagen sowohl AC (Wechselstrom bzw. Spannung) - als auch DC (Gleichstrom bzw. Spannung) - Belastungen sehen. Dadurch ergibt sich für die Isoliersysteme, insbesondere auch für die Durchführungen, eine gemischte Beanspruchung aus einem Strömungs- und Verschiebungsfeld.

In jedem Fall muss die elektrische Festigkeit größer sein als die elektrische Belastung. Da die elektrische Feldstärke meist nicht messtechnisch ermittelbar ist, müssen Feldberechnungen der Auslegung zugrunde gelegt werden. Simulationen von reinen AC-Feldverteilungen, abhängig von den Permittivitäten bzw. reinen DC-Feldverteilungen, abhängig von der temperaturabhängigen, elektrischen Leitfähigkeit der Isolierstoffe bilden nur einen Teil der elektrischen Belastung ab. Im Isolierstoff finden bei HGÜ-Anwendungen Übergangsvorgänge (Transienten) statt, die in den getrennten stationären Betrachtungen vernachlässigt werden (siehe Bild 2).

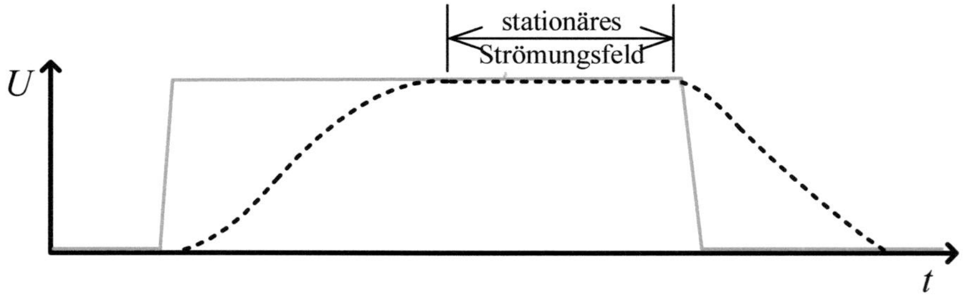

Bild 2: DC Ein- und Ausschaltvorgang (Spannung grau durchgezogen). Erst wenn der Ladungsträgerdrift stationär und die Polarisationsvorgänge abgeschlossen sind (symbolisch dargestellt als gestrichelte Linie), kann von einem reinen stationären Strömungsfeld gesprochen werden, nach [Kre95, S.2]

Vereinfachte Feldberechnungen mit der Finite-Elemente-Methode (FEM) unter Berücksichtigung von relativen Dielektrizitätszahlen ε_r und elektrischen Leitfähigkeiten κ führen bei transienten Berechnungen, zu unzureichend genauen Auslegungen im Übergangsvorgang, da die transienten Polarisationsvorgänge im Isolierstoff nicht berücksichtigt werden. Es besteht die Möglichkeit die transienten Vorgänge mit Netzwerkmodellen zu beschreiben, Kapitel 2.

Komplexere Geometrien lassen sich damit aber nur schwer nachbilden, da die räumliche Diskretisierung nicht ausreichend möglich ist. Diese Dissertation fokussiert die Möglichkeiten der mathematischen Beschreibung der stationären wie auch transienten elektrischen Vorgänge im Isolierstoff und deren Umsetzung mit FEM. Die Bestimmungsgleichung der Stromdichte wird um einen sogenannten langsamen Polarisationsterm erweitert, Kapitel 4. Klassische Methoden der Netzwerktheorie in der Hochspannungstechnik werden als Vergleich hinzugezogen.

In Kapitel 5 und 6 wird die neuartige Simulationsmethode auf HGÜ-Durchführungen angewendet und mittels Messungen verifiziert. Dabei liegt der Fokus auf den thermisch-elektrischen Ausgleichsvorgängen. Durch Temperaturgradienten findet eine Feldverschiebung im Isoliersystem statt, die nun korrekt durch die Simulation abgebildet und durch die Messungen verifiziert werden kann. Folgerungen für die Anwendung der Methodik auf Prüf- und Belastungsszenarien werden in Kapitel 7 diskutiert.

2 Stand der Technik

Das primäre Ziel der Hochspannungstechnik ist es, die elektrische Belastung der Isolierstoffe immer kleiner als die elektrische Festigkeit zu halten. Die elektrischen Festigkeiten der Materialien können von Parametern wie Grad der Verunreinigung, Herstellungsprozess, sowie Veränderungen im Betrieb (Alterung) abhängen. [Küc15, S. 12]

Bei HGÜ-Isoliersystemen sind verschiedene Anforderungen an die Isoliermaterialien zu stellen. Zum einen muss der Gleichspannung über lange Zeit und zum anderen auch weiteren Prüf- und Betriebsspannungen, wie Umpolen oder Stoßspannung, standgehalten werden. Die Ausbildung der elektrischen Felder bei Gleichspannung im Dielektrikum wird in Abschnitt 2.1 beschrieben.

Die physikalisch korrekte Beschreibung des dielektrischen Verhaltens eines festen Dielektrikums (Polarisationsvorgänge nach Debye) ist durch ein Netzwerkersatzschaltbild möglich, in dem eine Kapazität für die Permittivität, ein Widerstand für die elektrische Leitfähigkeit und eine Reihe von *RC*-Gliedern für die transienten Polarisationsmechanismen mit unterschiedlichen Zeitkonstanten stehen [Küc17, S. 290-293] [Occ67]. Auf dieser Grundlage können Isoliersysteme durch *RC*-Netzwerke beschrieben werden, mit denen sich auch die transienten Zeitverläufe korrekt berechnen lassen. Eine räumliche Diskretisierung zur Nachbildung von Isoliersystemen ist zwar möglich [Küc05], würde für komplexe Isoliersysteme aber einen praktisch nicht mehr handhabbaren Aufwand bedeuten [Wir18a]. Im Abschnitt 2.2 wird deshalb neben der Netzwerkbeschreibung nach Debye auf weitere Lösungsverfahren mittels Curie-von Schweidler, Poisson-Nernst-Planck (PNP) und allgemein der FEM Modellierung eingegangen.

Die Möglichkeiten der Messung von Potentialverteilungen für die Verifizierung der Verfahren wird in Abschnitt 2.3 beschrieben.

2.1 Ausbildung elektrischer Felder bei Gleichspannung

Elektrische Felder werden durch die Maxwellschen Gleichungen beschrieben. Aufgrund von langsamen zeitlichen Veränderungen bei Gleichspannung können die Terme zur Beschreibung der veränderlichen magnetischen Felder und damit induzierten Spannungen vernachlässigt werden.

Die Stromdichte setzt sich nach dem Durchflutungsgesetz Gl. (1) aus einem Leitungs- und einem Verschiebungsstromanteil zusammen.

$$\oint_x H \cdot dx = \iint_A \left(\frac{\partial \boldsymbol{D}(t)}{\partial t} + \boldsymbol{J}_\mathrm{L}(t) \right) dA \qquad (1)$$

$$\boldsymbol{J}(t) = \frac{\partial \boldsymbol{D}(t)}{\partial t} + \boldsymbol{J}_\mathrm{L}(t) = \boldsymbol{J}_\mathrm{V}(t) + \boldsymbol{J}_\mathrm{L}(t) \qquad (2)$$

Die Leitungsstromdichte J_L entsteht durch intrinsische und feldstärkeabhängig injizierte Ladungsträger, die sich im Dielektrikum bewegen. Die Stoffgleichung lautet

$$\boldsymbol{J}_\mathrm{L}(t) = \kappa \cdot \boldsymbol{E}(t). \qquad (3)$$

Die elektrische Leitfähigkeit κ beschreibt dabei die Beweglichkeit der positiven und negativen Ladungsträger und ist stark von weiteren Parametern wie Temperatur, Feldstärke, Wassergehalt und Alterungszustand abhängig.

Die Verschiebungsstromdichte ist dagegen proportional der Dielektrizitätszahl ε. Durch Anlegen einer Spannung bzw. zeitveränderlicher Felder, bauen sich Elektrodenladungen (Ladungsdichte $q(t)$) auf den Elektrodenoberflächen auf, die zu einem Verschiebungsstrom im Dielektrikum führen.

$$\boldsymbol{J}_\mathrm{V}(t) = \frac{\partial \boldsymbol{D}(t)}{\partial t} = \varepsilon \cdot \frac{\partial \boldsymbol{E}(t)}{\partial t} \qquad (4)$$

Die Dielektrizitätszahl ε besteht aus der absoluten Permittivitätskonstante ε_0 und der materialabhängigen, relativen Dielektrizitätszahl ε_r.

$$\varepsilon = \varepsilon_\mathrm{r} \cdot \varepsilon_0 \qquad (5)$$

Es ergibt sich für die Verschiebungsdichte (elektrische Flussdichte) $\boldsymbol{D}$

$$\boldsymbol{D}(t) = \varepsilon \cdot \boldsymbol{E}(t). \tag{6}$$

Die Verschiebungsdichte kann auch durch die Verschiebungsdichte im Vakuum $\varepsilon_0 \boldsymbol{E}$ und durch die zusätzliche elektrische Polarisation $\boldsymbol{P}$ im Isolierstoff beschrieben werden.

$$\boldsymbol{D}(t) = \varepsilon_0 \cdot \boldsymbol{E}(t) + \boldsymbol{P}(t) \tag{7}$$

Dabei steht die elektrische Polarisation klassisch [Küc17, S. 79] für die schnellen Polarisationsmechanismen abhängig vom Isolierstoff mit der Eigenschaft ε_r (im Vakuum gilt $\varepsilon_r = 1$).

$$\boldsymbol{P}(t) = \varepsilon_0 \cdot (\varepsilon_\mathrm{r} - 1) \cdot \boldsymbol{E}(t) \tag{8}$$

Für den Fall, dass Raumladungen oder Flächenladungen $Q(t)$ sich an Grenzflächen innerhalb von Sekunden, Minuten oder Stunden aufbauen, fließt ein zusätzlicher Strom („langsamer Polarisationsstrom“). Dieser ist abhängig von der elektrischen Leitfähigkeit des Materials aber auch von den kapazitiven Eigenschaften der Medien zwischen den Grenzflächen, die geladen (polarisiert) werden. Diese Art der Polarisation ist in der klassischen Darstellung von $\boldsymbol{P}$ bzw. ε_r (siehe Gleichung (8)) nicht mit berücksichtigt, da man sich üblicherweise auf die schnell veränderlichen Felder bezieht (z. B. 50 Hz) [Küc17, S. 79].

Der Leitungsanteil mit der elektrischen Leitfähigkeit κ bestimmt die Feldverteilung bei Gleichspannungsbeanspruchung nach Abschluss der transienten Polarisationsprozesse. Diese bestehen aus dem schnell veränderlichen Verschiebungsstromanteil mit ε_r und der langsamen Polarisation im Inneren des Dielektrikums. Erstere bestimmt die Feldverteilung bei schnellveränderlichen Feldern und Letztere den transienten Übergangsprozess von der AC- zur DC-Feldverteilung.

Die drei Komponenten, Verschiebungs-, Polarisations- und Leitungsstrom sind in Bild 3 oben dargestellt.

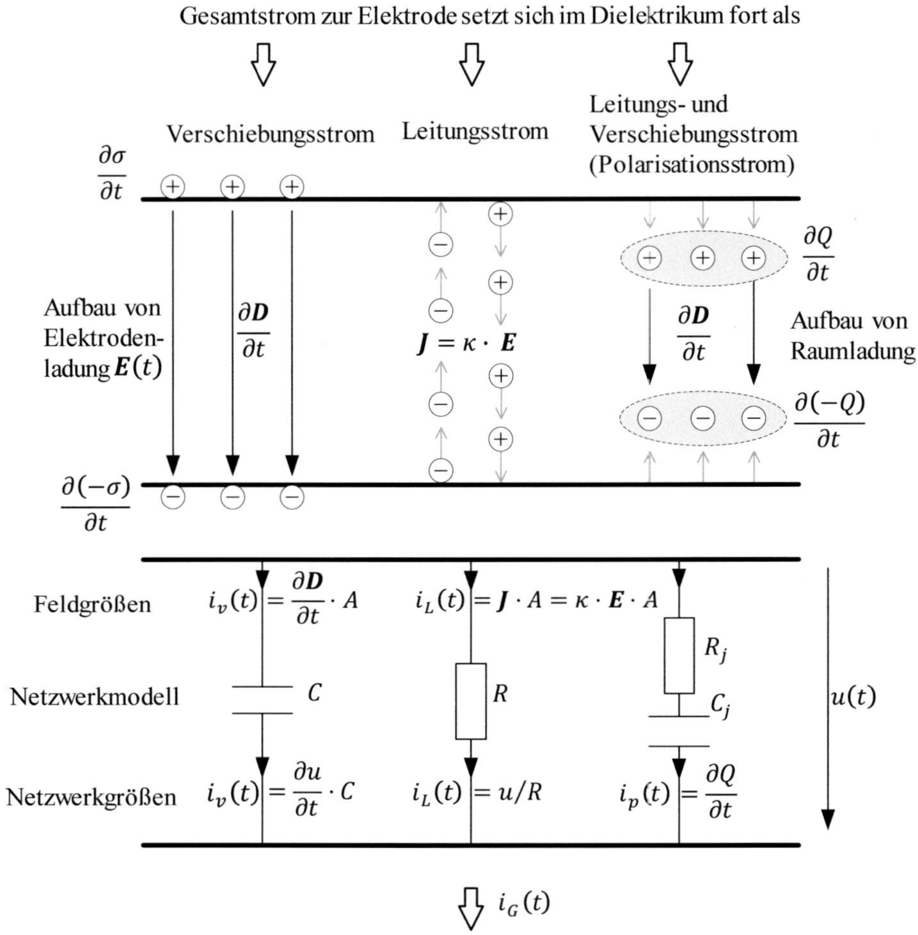

Bild 3: Anschauliche Beschreibung des dielektrischen Verhaltens von Isolierwerkstoffen mit Differentialgleichungen (oben) und Ersatzschaltbildern (unten) [Küc15]

2.2 Simulation von Leitungs- und Polarisationsmechanismen

Die in Bild 3 (oben) dargestellten Ladungsträgerbewegungen können durch die Gleichungen (1)-(4) beschrieben werden. Diese Gleichungen können zum einen durch Diskretisierung und Näherungslösungen mittels der FEM gelöst werden. Zum anderen werden durch Beschreibungen mittels Netzwerkelementen (Bild 3 unten) Leitungs- und Polarisationsprozesse abgebildet. Die folgenden Abschnitte gehen detaillierter auf die möglichen Lösungsansätze ein.

2.2.1 Debye-Ansatz und Netzwerkmodell

Im Fall von linearen Polarisationsprozessen wie z. B. in vielen festen Medien, kann die Polarisation $\boldsymbol{P}$ aus mehreren zeitlich verzögerten Polarisationsprozessen $\boldsymbol{P}_k$ überlagert werden. Diese sind abhängig von den Zeitkonstanten τ_k und werden mit nachfolgender Differentialgleichung beschrieben (Modell von Debye) [Küc17, S. 270].

$$\frac{\partial \boldsymbol{P}_k}{\partial t} = \frac{1}{\tau_k} \cdot [\boldsymbol{P}_k(\infty) - \boldsymbol{P}_k(t)] \tag{9}$$

Die Lösung der Differentialgleichung ergibt eine Exponentialfunktion die einer exponentiell abnehmenden Polarisationsstromdichte $\boldsymbol{J}_k(t)$ entspricht. Für lineare Werkstoffe ergibt sich der gesamte Polarisationsstromdichteverlauf $\boldsymbol{J}_\mathrm{P}(t)$ durch Überlagerung der einzelnen Komponenten k.

$$\boldsymbol{J}_\mathrm{P}(t) = \sum_{k=1}^{n} \boldsymbol{J}_k(t) = \frac{1}{A} \sum_{k=1}^{n} \frac{U}{R_k} e^{-t/\tau_k} \tag{10}$$

Die Gesamtstromdichte durch das Dielektrikum bei angelegter Gleichspannung ergibt sich schließlich durch Überlagerung von Verschiebungs-, Polarisations- und Leitungsstromdichte.

$$\boldsymbol{J}(t) = \boldsymbol{J}_\mathrm{V}(t) + \boldsymbol{J}_\mathrm{P}(t) + \boldsymbol{J}_\mathrm{L} \tag{11}$$

In Gleichung (10) bestimmen die stark temperaturabhängigen Widerstände R_k und Zeitkonstanten τ_k bei einer Prüfspannung U die Höhe der Stromdichte $\boldsymbol{J}_\mathrm{P}$. In [Her16, S. 26] wird der Debye-Ansatz zur Beschreibung der langsamen Polarisationsmechanismen mit temperaturunabhängigen Parametern von τ_k beschrieben. Von [Zin13] ist jedoch bekannt, dass eine Temperaturabhängigkeit vorhanden ist. Das dielektrische Verhalten von linearen (nicht feldstärke-abhängigen) festen Isolierstoffen kann durch ein *RC*-Ersatzschaltbild gefittet werden [Küc17, S. 290-293] (siehe Bild 3 unten und Bild 4).

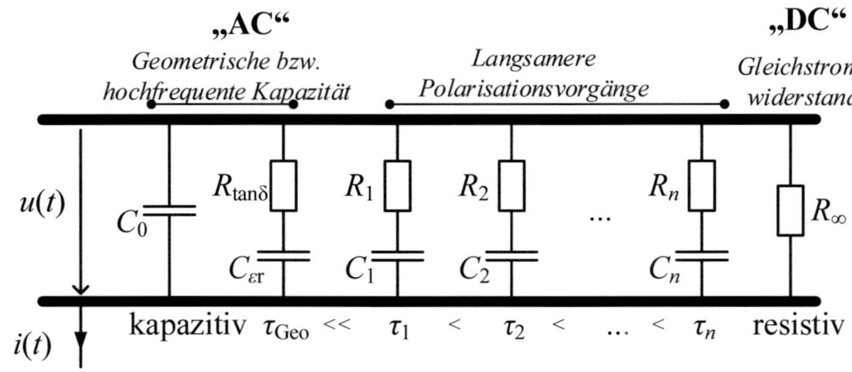

Bild 4: Netzwerkmodell eines linearen festen Isolierstoffes [Wir18b]

R_∞ repräsentiert hierbei das Strömungsfeld (Restleitfähigkeit) und C_0 das Verschiebungsfeld durch die Vakuumkapazität. Für schnellveränderliche bzw. hochfrequente Belastungen, die für die HGÜ-Isoliersysteme hier nicht mehr von Bedeutung sind, werden die dielektrischen Eigenschaften vereinfachend in einem *RC*-Glied zusammengefasst. Dies geschieht durch Definition der sog. Geometrischen Kapazität bzw. hochfrequenten Kapazität C_{Geo} über die Permittivität ε_r und Definition des Widerstandes $R_{\tan\delta}$ mittels des Verlustfaktors tan δ bei einer Referenzfrequenz (z. B. 50 Hz).

$$C_{Geo} = \varepsilon_r \cdot C_0 \tag{12}$$

Die *RC*-Glieder mit den Indices $k = 1$ bis n stehen für Polarisationsmechanismen mit verschiedenen Zeitkonstanten τ_k. Diese bestimmen den transienten Übergang vom rein kapazitiven zum resistiven Feld. Diese *RC*-Elemente entsprechen exponentiellen Funktionen, welche die Polarisationsströme nach dem sogenannten Debye-Ansatz beschreiben [Küc17, S. 269 f.].

$$\tau_k = R_k \cdot C_k \tag{13}$$

Die *RC*-Glieder definieren das Abklingen der Polarisations- bzw. Depolarisationsstromkomponente $i(t)$, welches physikalisch auf der Bildung von Raumladungen bzw. Grenzflächenladungen und ggf. weiteren Polarisationsmechanismen beruht. Der Gesamtstrom $i(t)$ kann durch die Polarisation- und Depolarisationsstrommessung (PDC) bestimmt werden (siehe Bild 5). Bei der Polarisation- und Depolarisationsmessung wird die Stromantwort $i(t)$ auf einen

Spannungssprung *u*(t) im Zeitbereich gemessen. Diese Sprungantwort ergibt sich aus dem langsamen transienten Polarisationsmechanismen sowie dem stationären Strömungsfeld.

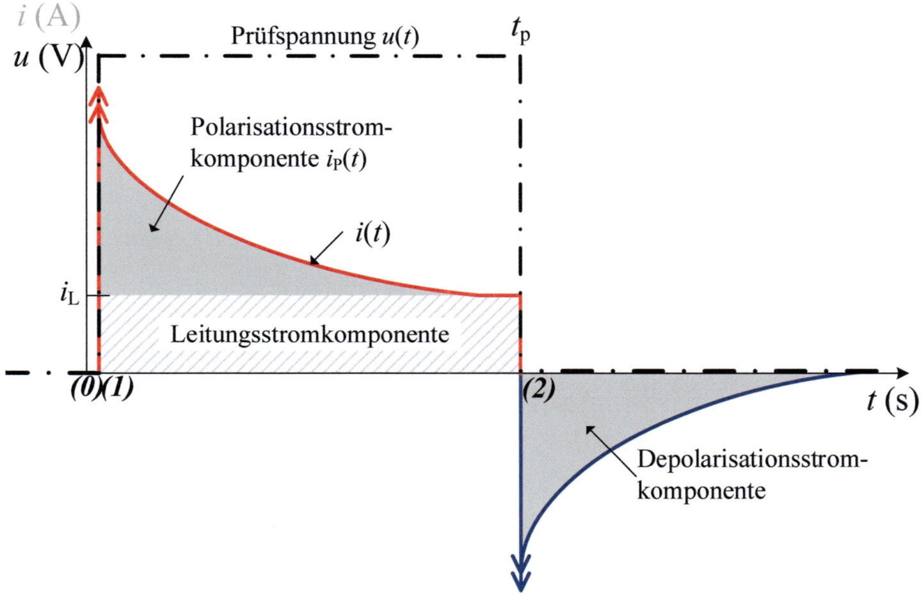

Bild 5: Stromverlauf $i(t)$ (rot und blau, durchgezogen) einer PDC Messung bei einer Prüfspannung $u(t)$ (schwarz, strichpunktiert)

Vor Spannungszuschaltung befinden sich das System und die Ladungsträger in der Materialprobe im Gleichgewichtszustand *(0)*.

In der Polarisationsphase wird eine konstante Gleichspannung angelegt *(1)*. Erst wenn die Polarisationskomponente vollständig abgeklungen ist und sich ein stationärer Polarisationsstrom eingestellt hat, kann die Leitungsstromkomponente gemessen werden. Daher ist für die Bestimmung der elektrischen Leitfähigkeit oftmals eine sehr lang anliegende Messspannung notwendig.

Hinweis: Beispielsweise wird in der CIGRE Broschüre 646 (JWG A2/D1.41) [Küc16a] eine Polarisationsdauer von bis zu 3 h empfohlen. Für Feststoffe insbesondere bei niedrigen Temperaturen wird in den meisten Fällen erst nach Zeiten wesentlich größer 3 h eine Leitungsstromkomponente sichtbar.

An die „Polarisationsphase" (bis zum Zeitpunkt t_P) schließt sich die Depolarisationsphase an *(2)*. Das Material wird kurzgeschlossen. In der Polarisationsphase gespeicherte Ladung fliesen wieder in die entgegengesetzte

Richtung (negatives Vorzeichen). Der Ausgangszustand wird wiederhergestellt, insofern der Prozess reversibel ist. Sobald eine chemische oder physikalische Änderung auftritt kann sich die geflossene Ladungsmenge ändern, der Prozess ist nicht reversibel.

Bild 6 vergleicht eine Berechnung mittels eines *RC*-Netzwerks (Fit mit 6 bzw. 12 *RC*-Gliedern) mit einer Sprungantwortmessung an einer harzimprägnierten Krepppapier RIP-Materialprobe (engl. resin-impregnated paper) bei 3 kV/mm und 30 °C. Die Berechnung mit mehr *RC*-Gliedern zeigt eine gleichmäßigere Stromkurve. Dennoch ist die Anpassung der Polarisationsmechanismen über den Temperaturbereich mit weniger z. B. sechs *RC*-Gliedern meist ausreichend und spart durch Kürzung der Parameter Rechenkapazitäten ein.

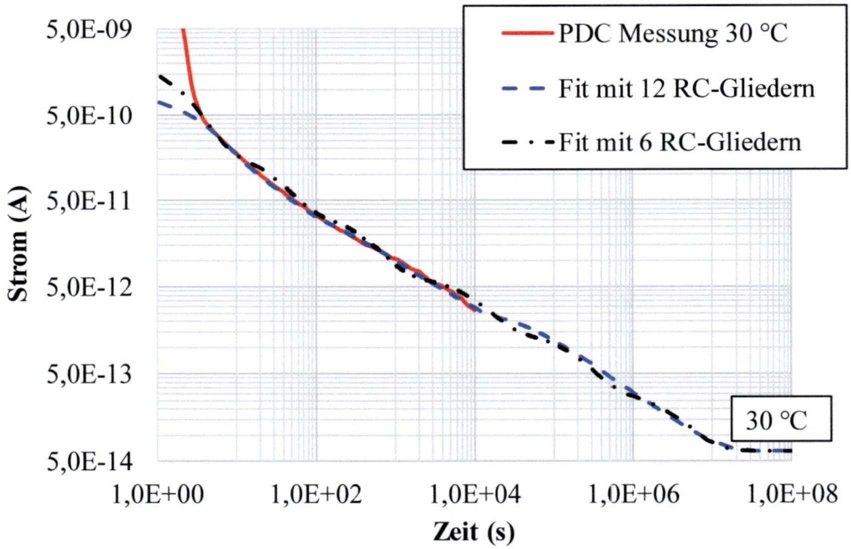

Bild 6: Vergleich von Messung (rot, durchgängig) und Berechnung (6 *RC*-Glieder schwarz, strichpunktiert bzw. 12 *RC*-Glieder blau, strichliert) einer Stromsprungantwortmessung von RIP in radialer Richtung senkrecht zu den Papierlagen

Hinweis: Das Stromgefälle der ersten Messsekunden bei PDC-Messkurven beschreibt abhängig von dem Versuchsaufbau oftmals keine Materialeigenschaft, sondern ist auf eine nicht stabilisierte externe Spannungsquelle zurückzuführen [Sch14]. Die Messung wurde nach 10^4 Sekunden abgebrochen, da der Messwert unter der Auflösungsgenauigkeit liegt. Die Simulation kann jedoch in manchen Fällen über einen weiteren Zeitbereich extrapoliert werden. Die dafür benötigten Methoden und Techniken sind im Abschnitt 5.2 beschrieben.

Bereits [Zin13] nutzte die Netzwerktechnik, um komplexe Polarisationsmechanismen von ölimprägnierten Hochspannungsdurchführungen zu beschreiben. Die Technik wird neben festen Isolierwerkstoffen auch für Öl/ Papier Kombinationen angewendet [Sch16]. Im Zuge der Verifikation der Simulationsmodelle wurde ebenfalls ein *RC*-Netzwerkmodell angelehnt an [Zin13] und [Wei17] für eine RIP-Durchführung erstellt (Anhang D, [Wir18a]). Nachteilig ist die Komplexität, die mit Anzahl der Materialien und Diskretisierung der Geometrie einhergeht.

2.2.2 Ansatz Curie-von Schweidler

Eine mögliche Beschreibung der langsamen Polarisationsprozesse ist nach Curie-von Schweidler [Guo83, S. 1955-1960] [Sch07, S. 715 f.] eine Potenzfunktion, die für die Summe unendlich vieler Exponentialfunktion steht, Bild 7. Es handelt sich damit um eine integrale Beschreibung von vielen Polarisationsprozessen nach dem Ansatz von Debye, die in ihrer Summe gerade eine Potenzfunktion ergeben. Damit beschreibt der Ansatz Curie-von Schweidler nur einen Spezialfall, der jedoch in vielen Fällen als Approximation genutzt werden kann [Sch17] [Her17].

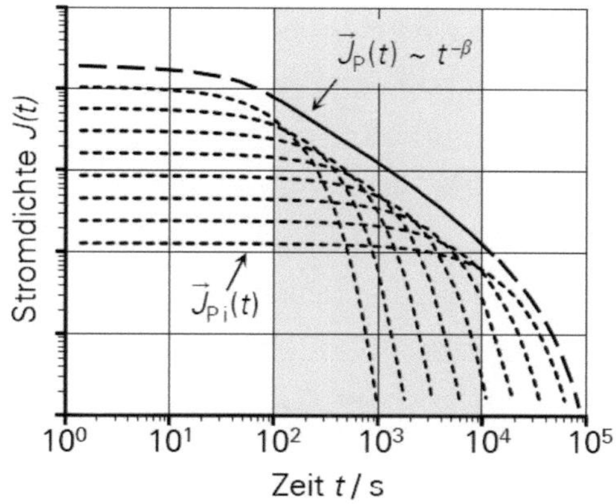

Bild 7: Ansatz Curie-von Schweidler zur Beschreibung der langsamen Polarisationsmechanismen im Zeitbereich [Her16, S.27]

Nach Curie-von Schweidler gilt für die Polarisationsstromdichte J_P mit einem Exponenten β zwischen 0 und 1

$$\boldsymbol{J}_{\mathrm{P}}(t) = k_{\mathrm{P}} \cdot t^{-\beta} \,. \tag{14}$$

In [Her16] wird im Zuge dessen der Polarisationsterm um einen zeitabhängigen Term erweitert, welcher über eine Potenzfunktion definiert wird.

$$\boldsymbol{J}_{\mathrm{V}}(t) + \boldsymbol{J}_{\mathrm{P}}(t) = \frac{\partial \boldsymbol{D}(\mathrm{t})}{\partial t} = \frac{\partial \boldsymbol{P}_{\mathrm{total}}(t)}{\partial t} \tag{15}$$

Mit

$$\boldsymbol{P}_{\mathrm{total}}(t) = \boldsymbol{P}_0(t) + \boldsymbol{P}(t) \tag{16}$$

Wobei $\boldsymbol{P}_0$ die schnellen Polarisationsmechanismen darstellt.

$$\boldsymbol{P}_0(t) = \varepsilon_0(\varepsilon_{\mathrm{r}} - 1) \cdot \boldsymbol{E}(t) \tag{17}$$

Die langsamen Polarisationsmechanismen $\boldsymbol{P}(t)$ werden durch den Curie-von Schweidler Ansatz [Her14] dargestellt. Dabei wird eine gemessene Stromdichte mittels überlagerter Potenzfunktion approximiert. Es wird eine zeitabhängige „effektive" Leitfähigkeit [Her15] gebildet, die in einer FEM-Berechnung eingebracht werden kann (siehe [Gre14] [Gre16] und [Her16]).

Das Potenzgesetz nach Curie-von Schweidler hat nach [Guo83, S.1955-1960] den Nachteil, dass es sich um einen rein empirischen Ansatz handelt. Er kann zwar als Überlagerung vieler Polarisationsmechanismen nach Debye interpretiert werden, wobei jedoch ein spezielles Polarisationsverhalten angenommen werden muss. Dieses kann für viele Feststoffe näherungsweise beobachtet werden, ist jedoch nicht allgemein gültig. Weiterhin fehlt diesem Ansatz ein Speicherterm für Ladungen. D. h. die durch Polarisation verursachte Ladungsspeicherung im Dielektrikum wird nicht berücksichtigt. Die Lösungen weichen in manchen Fällen sehr stark von der Debye-Theorie ab [Guo83, S.1956].

2.2.3 PNP-Gleichung

Im Fall von Ladungsträgertransportprozessen, z. B. in flüssigen Medien, besteht weiterhin die Möglichkeit die Bewegung durch Diffusions-, Drift-, sowie Verschiebungsstromdichte mit der Poisson-Nernst-Planck-Modellierung (PNP-) zu beschreiben.

Beispielsweise wird in [Bac16, Abschnitt 5.2] eine allgemeine Beschreibung der Ladungsträgertransportprozesse mittels der PNP-Gleichung vorgenommen und unterschieden nach Generation, Bewegung und Rekombinationsmöglichkeiten im Isoliersystem (Tabelle 1).

Tabelle 1: Ladungsträgerbewegung im Öl nach [Bac14]

Generation	Bewegung	Rekombination
intrinsische Ladungsträger	elektrostatische Kräfte	an der Metallelektrode
elektrodeninjizierte Ladungsträger	Diffusion	im dielektrischen Volumen

In Gleichung (18) wird die Gesamtstromdichte $\boldsymbol{J}$ durch die Terme der schnellen Polarisation („Verschiebung"), sowie des Leitungsstroms („Drift") und durch Ladungsträgergradienten („Diffusion") beschrieben. Die langsamen Polarisationsmechanismen werden darin nicht betrachtet. z_i entspricht der Wertigkeit der i-ten Ladungsträgerspezies, μ_i der Mobilität und n_i der Teilchendichte. D_i ist der Diffusionskoeffizient der i-ten Ladungsträgerspezies.

$$\boldsymbol{J}(t) = \underbrace{\sum_i z_i \cdot e \cdot \mu_i \cdot n_i \cdot \boldsymbol{E}(t)}_{Driftstromdichte} + \underbrace{\sum_i z_i \cdot e \cdot D_i \cdot \vec{\nabla} n_i(t)}_{Diffusionsstromdichte} + \underbrace{\varepsilon_0 \cdot \varepsilon_{\mathrm{r}} \cdot \frac{\partial \boldsymbol{E}(t)}{\partial t}}_{Verschiebungsstromdichte} \tag{18}$$

Hinweis: In dieser Arbeit wird der Diffusionsterm aufgrund von Konzentrationsunterschieden vernachlässigt. Im Anfangszustand werden die Ladungsträger mit einer gleichmäßigen Verteilung angenommen. Der Drift kann in den betrachteten Feststoffen über die elektrische Leitfähigkeit κ vereinfacht berechnet werden.

Die Modellierung nach PNP-Gleichung wurde bisher an einfachen 1D und 2D Objekten durchgeführt. Komplexe Geometrien von Hochspannungskomponenten sind aktuell aufgrund der begrenzten Rechenkapazitäten nicht möglich [Bac16, S. 49 f.]. Eine weitere Herausforderung des Ansatzes ist die Ermittlung der Materialparameter wie Mobilität μ_i und Diffusivität D_i. Insgesamt gilt der Ansatz nur unter Berücksichtigung von mehreren Einschränkungen, z. B. nur für „stark verdünnte Fluide" [Bac16, S. 44-48] und ist für eine umfassende Auslegung von komplexen Hochspannungsisoliersystemen noch ungeeignet.

Die verschiedenen Verfahren (PNP, Curie-von Schweidler, Debye und allgemeine Antwortfunktion [Jon96] [Zha18]) zur Beschreibung des dielektrischen Verhaltens von Flüssigkeiten und Feststoffen müssen für die Hochspannungsanwendung nutzbar gemacht werden. Eine Möglichkeit ist die Finite-Elemente-Methode, welche gerade hinsichtlich Diskretisierung der Geometrie ideal ist, jedoch standardmäßig die Berücksichtigung von langsamen Polarisationsmechanismen vernachlässigt.

2.2.4 Finite-Elemente-Methode

Bei der FEM werden Gleichungssysteme für die Potentiale der durch räumliche Diskretisierung entstandenen Knoten aufgestellt (Prä-Prozessor, Vorlauf), gelöst (Solver) und ausgewertet (Post-Prozessor, Nachlauf) [Kle11, S. 6]. Es werden für die Berechnung Symmetrien ausgenutzt, sowie geometrische Vereinfachungen vorgenommen, um die Netzbildung an den entscheidenden Punkten z. B. Orte mit hohen Gradienten, feiner zu unterteilen. Randbedingungen und Ansatzfunktionen definieren mit den vorhandenen Gleichungen die Gleichungsmatrix. Mit direkten und indirekten Solvern werden diese anschließend gelöst.

Dadurch bietet das FEM-Modell die Möglichkeit detaillierterer Betrachtungen von Temperatur- und Potentialfeldern in einem Isoliersystem. Zusätzlich ist eine Implementierung von gegenseitigen Abhängigkeiten wie z. B. temperatur- und feldstärkeabhängigen Materialparametern, einfach zu handhaben.

Bei der Simulation von HGÜ-Isoliersystemen mit Hilfe der Finiten-Elemente-Methode wird üblicherweise nur die kapazitive Feldverteilung aufgrund der Permittivitäten ε_r und die stationäre resistive Feldverteilung aufgrund der elektrischen Leitfähigkeiten κ berücksichtigt. Bei Spannungsänderungen aus dem stationären Zustand in Übergangsprozesse wie z. B. Zuschalten, Umpolen und Abschalten einer Gleichspannung kann das resultierende Feld durch Überlagerung stationärer und kapazitiver Feldverteilungen ermittelt werden [Kre95, S. 15 ff.]. Die Übergangsvorgänge (Transienten) werden dabei nicht korrekt berechnet, weil die verfügbaren Materialmodelle lediglich auf den Eigenschaften Permittivität und elektrischer Leitfähigkeit beruhen [Wir18b]. Die für die transienten Vorgänge maßgeblichen Polarisationsmechanismen bleiben bei der FEM somit oftmals unberücksichtigt, sodass transiente Feldberechnungen erheblich von den in Realität sich ergebenden Feldverläufen abweichen. Lediglich die Anfangs- und Endzustände werden richtig dargestellt. Bild 8 zeigt zum Vergleich eine klassische FEM-Simulation von Potentialverläufen an drei Steuerbelägen in einer Hochspannungsdurchführung ohne die Berücksichtigung der langsamen Polarisationsmechanismen. Dies führt im Vergleich zu den gemessenen Kurven zu stark abweichenden Ergebnissen während der Übergangsvorgänge. Die Messung der Potentiale der Steuerbeläge wird in Abschnitt 2.3 beschrieben.

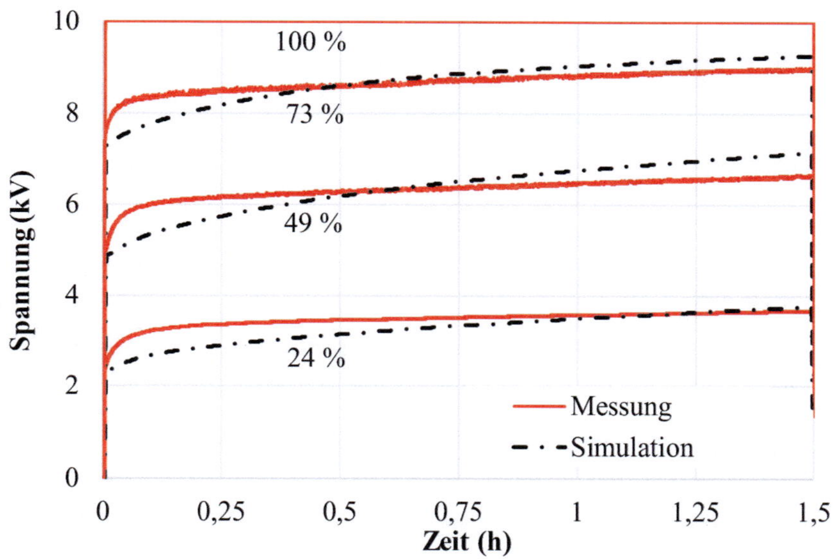

Bild 8: Ausschnitt einer Potentialmessung (rot) im Vergleich zu einer klassischen FEM-Simulation (schwarz strichliert) bei stationären Temperaturgradienten an den Steuerbelägen einer Hochspannungsdurchführung

Ohne die Berücksichtigung der langsamen Polarisationsmechanismen wird das Isolationssystem bei einer FEM-Berechnung nicht ausreichend genau abgebildet. U. a. wird in Bild 8 deutlich, dass in der Simulation die Potentiale sich anfangs langsamer verschieben als in der Messung und nach 0,5 h bzw. 1 h die Verschiebung in der Simulation schneller abläuft als in Realität. Ein stationärer Zustand wird nach 1,5 h noch nicht erreicht. Es besteht deshalb ein sehr großes Interesse, die FEM mit ihrer einfachen und umfassenden räumlichen Diskretisierungsmöglichkeit um eine physikalisch korrekte Beschreibung von Dielektrika mit Polarisationsmechanismen zu ergänzen.

Hinweis: Es handelt sich in Bild 8 um eine Potentialverteilung in einer Hochspannungsdurchführung bei einem vorhandenen Temperaturgradienten. Nähere Erläuterungen zu diesem Vorgang finden sich in Abschnitt 6.4.3.

In [Her15] wird bereits eine effektive elektrische Leitfähigkeit basierend auf Curie-von Schweidler bzw. in [Zha18] eine allgemeine Antwortfunktion in FEM-Modelle implementiert, welche die langsamen Polarisationsprozesse approximiert. Für die untersuchten Fälle können gute Übereinstimmungen von Messung und Simulation erreicht werden [Her16, S.99]. Die in den Quellen verwendete zeitabhängige effektive elektrische Leitfähigkeit ist jedoch nicht physikalisch sondern empirisch begründet, besitzt als Potenzfunktion nur Gültigkeit bei Vorliegen eines passenden Polarisationsverhaltens und besitzt keinen Speicherterm zur Beschreibung der bei der Polarisation gespeicherten bzw. verschobenen Ladung. Das Ziel der Dissertation ist es deshalb eine allgemeiner anwendbare physikalisch begründete Beschreibung der langsamen Polarisationsmechanismen in die FEM zu implementieren.

2.3 Messung von Potentialverteilungen in kapazitiv gesteuerten Hochspannungsdurchführungen

Der Zweck einer Durchführung ist es das Hochspannungspotential des stromführenden elektrischen Leiters durch eine geerdete Wand zu führen, z. B. durch einen Transformatorkessel, Bild 9.

Das Dielektrikum, auch Aktivteil oder Wickel genannt, ist die Hauptisolation der Durchführung und besteht heute üblicherweise aus harzimprägniertem Krepppapier RIP (engl. resin-impregnated paper); neuerdings kommt auch harzimprägniertes Kunststoffmaterial RIS (engl. resin-impregnated syntethetics) zum Einsatz. Das früher verwendete Hartpapier RBP (engl. resin-bonded paper) wird heute nicht mehr eingesetzt. Weiterhin im Einsatz sind ölimprägniertes Papier OIP (engl. oil-impregnated paper). Die Nebenisolation (z. B. PU-Schaum, SF_6, Öl) erfüllt zum einen die Aufgabe Wärmeausdehnungen zu kompensieren und zum anderen Lufteinschlüsse im System zu vermeiden, da diese die elektrische Festigkeit der Komponente reduzieren. Die Nebenisolation und Hauptisolation werden mit einem mechanisch stabilen Gehäuseisolator wie GFK (glasfaserverstärkter Kunststoff) oder Porzellan hermetisch abgeschlossen. Auf der Freiluftseite ist der Gehäuseisolator mit einem Schirmprofil vorgesehen, um leitfähige Schichten auf der Oberfläche mittels Kriechwegverlängerung zu vermeiden (z. B. Silikon, Porzellan).

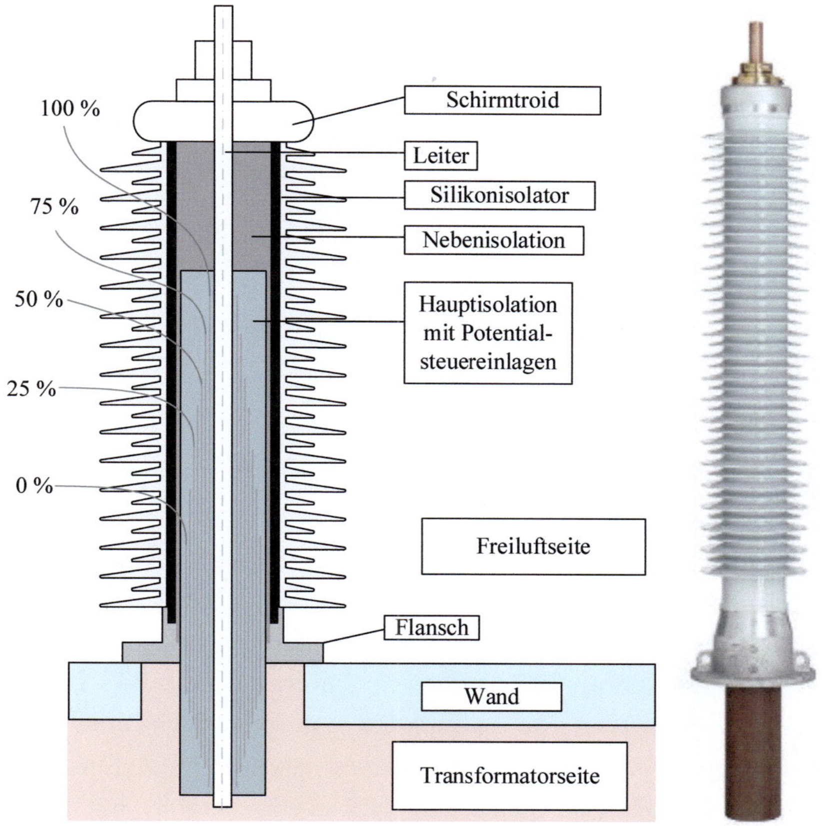

Bild 9: Schematische Darstellung der kapazitiv gesteuerten Transformatordurchführung (links) und Bild einer 123 kV-Hochspannungsdurchführung (rechts [HSP11])

Um eine radiale Feldsteuerung über den Durchmesser und eine axiale Feldsteuerung über die Gesamtlänge zu ermöglichen, sind konzentrische Steuerbeläge aus Aluminiumfolie in das elektrisch isolierende Dielektrikum implementiert. Im dielektrischen Verschiebungsfeld (bei Wechselspannung AC und Stoßspannung) nehmen die Steuerbeläge ein Potential abhängig von den Kapazitäten zwischen den Steuerbelägen an, im stationären Strömungsfeld (bei Gleichspannung DC) ist das Potential abhängig von den Widerständen. Aufgrund der stark temperaturabhängigen elektrischen Leitfähigkeit kann dies zu Feldstärkeänderungen im Gleichspannungsfall führen. Die elektrischen Leitfähigkeiten unterscheiden sich meist um mehrere Größenordnungen bei unterschiedlichen Materialien, siehe Bild 10.

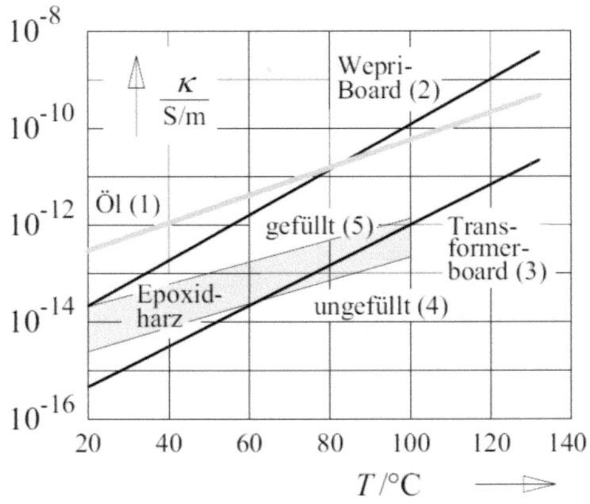

Bild 10: Temperaturabhängigkeit der scheinbaren elektrischen Leitfähigkeit bei $\boldsymbol{E}$ =0,5 kV/mm [Küc17, S. 281]

Da das elektrische Feld bei Gleichspannung nach langen Zeiten durch die Leitfähigkeiten der Materialien bestimmt wird, führt der Temperatur- und Leitfähigkeitsgradient zur Verzerrung der elektrischen Potentialsteuerung [Küc16b]. Diese Feldverschiebung können Isoliersysteme gefährden [Wir15]. Bild 11 stellt den Effekt der Feldsteuerung in einer kapazitiv gesteuerten RIP Durchführung in radialer Richtung von der Achse (r = 0 mm) aus dar. Im AC-Fall wäre der Potentialabfall über den Querschnitt gleichmäßig sowohl mit und ohne Temperaturgradienten. Durch die Temperaturabhängigkeit der elektrischen Leitfähigkeit findet im DC-Fall je nach Wärmeeintrag eine Feldverschiebung in die kühleren Randbereiche statt.

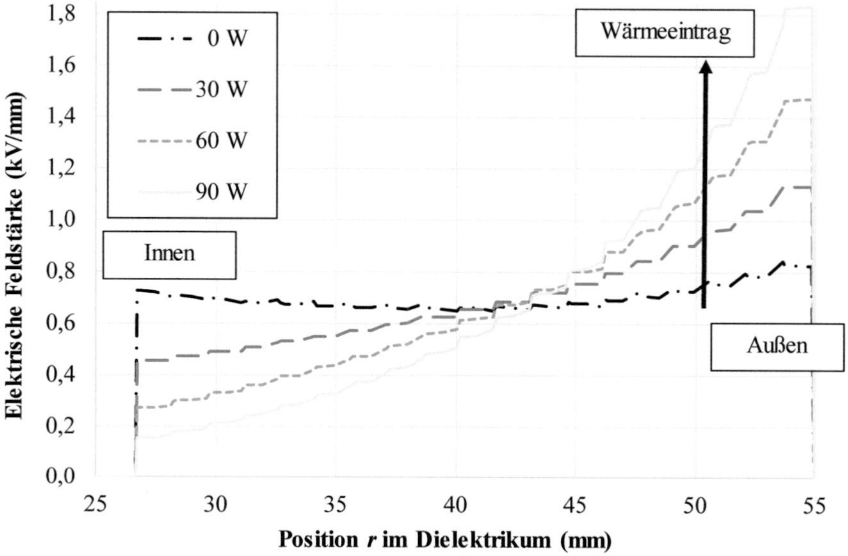

Bild 11: Feldverschiebung bei Gleichspannung abhängig von der Leistungsabgabe im Leiter [nach Küc16b], $0 < r < 27$ elektrischer Leiter; $27 < r < 55$ RIP-Dielektrikum mit Steuerbelägen; $r = 55$ Aluminiumbelag auf Erdpotential

Die resistive Teilung entspricht ungefähr der kapazitiven, wenn keine Temperaturgradienten vorhanden sind (0 W). Durch einen vorhandenen Temperaturgradienten (30 W - 90 W) und die die sogenannte Arrhenius-Beziehung entsteht eine Feldverschiebung in die kühleren Randbereiche.

$$\kappa(T) = \kappa_0 \cdot e^{\frac{-W_\mathrm{a}}{T \cdot \mathrm{k_B}}} \tag{19}$$

Eine für Wechselspannungsbelastung ausgelegte Durchführung kann folglich nicht automatisch für eine HGÜ-Durchführung genutzt werden. Da die Durchführung als kritische Komponente ein Flaschenhals in der Übertragungsstrecke darstellt, wird diese ausgewählt, um das Berechnungskonzept zu überprüfen und verifizieren.

Bereits [Reu20] hat die Potentialverteilungen in Hochspannungsdurchführungen untersucht. Die Potentialverteilung der Durchführung kann über Anzapfungen der Steuerbeläge erfasst werden. Die direkte Messung der Potentiale mittels Spannungsmessgeräten, führt aufgrund des geringen Messimpedanz bei Gleichspannung zu einem Entladen des Messobjekts. Daher werden Rotationsvoltmeter genutzt, um Potentialverteilungen messtechnisch zu ermitteln [Reu14], Bild 12.

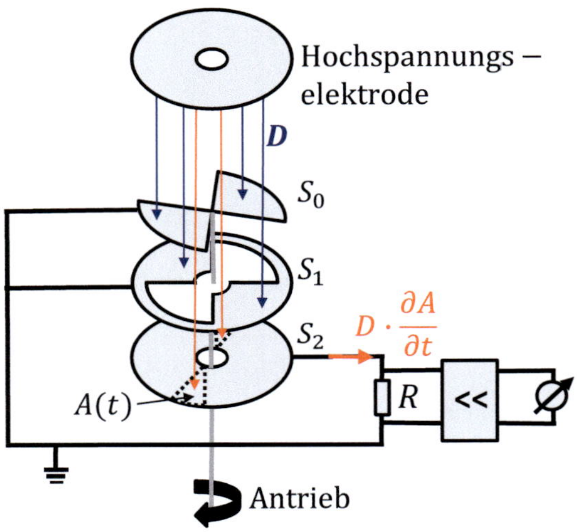

Bild 12: Rotationsvoltmeteraufbau zur weitgehend rückwirkungsfreien Messung von Potentialen

Ein Rotationsvoltmeter misst weitgehend rückwirkungsfrei bei einer definierten Elektrodenanordnung, welche über den aktiven mechanischen Antrieb einer rotierenden Scheibe versorgt wird und dem zu messenden Gleichspannungsfeld keine Energie entnimmt. Die Kapazität zwischen Hochspannungs- und Messelektrode S_2 ändert sich abhängig von der Position der rotierenden Scheibe S_0. Die Fläche $A(t)$, welche vom elektrischen Feld beeinflusst wird, ist abhängig von der Position der Sektorscheibe S_0 in Bezug zu S_1(siehe Bild 12). Die Kapazität $C(t)$ bei einem Elektrodenabstand d ergibt sich damit zu:

$$C(t) = \varepsilon_0 \cdot \frac{A(t)}{d} \tag{20}$$

[Reu20] geht insbesondere auf die Simulation der Hochspannungskomponente mittels Netzwerkmodellen ein und verifiziert diese anschließend durch die bereits genannten Rotationsvoltmeter-Messungen. Dabei konnte er beweisen, dass RIP im untersuchten Bereich ein lineares Materialverhalten hat und die Materialeigenschaften im Temperaturbereich durch Arrhenius beschrieben werden können. Simulationen der Durchführung mit einfachen und komplexeren Netzwerkmodellen konnten im Vergleich die Messungen gut abbilden.

3 Fragestellung und methodisches Vorgehen

Beim Einsatz von Isoliersystemen für die HGÜ ist das dielektrische Verhalten grundsätzlich unterschiedlich zum Einsatz für Wechselspannungsbeanspruchungen. Die elektrischen Felder sind bei Gleichspannungsbeanspruchung nicht nur von den gut bekannten Dielektrizitätszahlen, sondern von den sehr schwer greifbaren elektrischen Leitfähigkeiten abhängig. Hinzu kommen bisher nicht ausreichend berücksichtigte Polarisationseffekte.

Es gibt deshalb erhebliche Defizite in den heutigen Simulationen und Berechnungsmöglichkeiten der elektrischen Felder in HGÜ-Isoliersystemen. Einerseits werden Berechnungen mit Netzwerkelementen genutzt, um Polarisationseffekte physikalisch richtig nach dem Debye-Ansatz beschreiben zu können. Man hat dabei jedoch das Problem, dass eine räumliche Diskretisierung komplexer Isoliersysteme kaum möglich ist. Andererseits kann man mit Finiten-Elementen eine passende Diskretisierung erreichen, wobei jedoch bisher eine physikalisch begründete genaue Berechnung der Polarisationseffekte nach Debye nicht möglich ist.

Hinweis: Die Untersuchung wird auf Materialien mit linearem Polarisationsverhalten beschränkt, wie es bei vielen festen Dielektrika angenommen werden kann. Verifizierungen erfolgen mit dem in Durchführungen eingesetzten Werkstoff RIP.

Hieraus ergaben sich die eigenen Fragestellungen wie folgt:

Welche Simulationsmethoden gibt es für Hochspannungsisoliersysteme mit linearem Polarisationsverhalten?

Um die Fragestellung zu beantworten muss eine umfangreiche Literaturrecherche durchgeführt werden, Kapitel 2. Ein besonderes Augenmerk wird auf die FEM-Berechnung sowie die Netzwerkmethodik gelegt. Tabelle 2 zeigt eine Zusammenfassung der näher in Frage kommenden Modelle.

Tabelle 2: Vor- und Nachteile der verschiedenen Simulationsmethoden zur Beschreibung von Isoliersystemen

	Vorteile	**Nachteile**	**Quelle**
FEM	Leichte Diskretisierbarkeit Beschreibung von komplexen Systemen durch 3D-Modelle möglich	Bisher fehlt die physikalische Beschreibung der individuellen Polarisationsprozesse nach Debye	[Her16] [Bac16] [Sch07]
Netzwerkmodell	Beruht auf physikalischem Debye-Modell Dielektrische Materialeigenschaften können einschließlich individueller Polarisationsprozesse beschrieben werden Dielektrische Modellbildung mehrfach verifiziert	Schwierige Diskretisierbarkeit Komplexe Systeme nicht mehr darstellbar	[Zin13] [Reu20] [Deb29]

Da weder die vorhandene FEM-Methodik, noch die Netzwerkmodelle die Isoliersysteme ausreichend beschreiben können, ist der neuartige und wissenschaftliche Anspruch der Dissertation eine wesentlich verbesserte Beschreibung von Isoliersystemen zu finden. Daraus ergibt sich die zweite Fragestellung:

Gelingt es, die Vorteile beider Varianten zu kombinieren?

Die Erkenntnisse aus der Literaturrecherche (Kapitel 2) werden genutzt, um im Rahmen der Dissertation eine neuartige Methodik zu entwickeln, welche die Vorteile der Netzwerk- und FEM-Simulationen kombiniert. Dabei wird der Ansatz der physikalisch begründeten Debye-Theorie für Polarisationsmechanismen herangezogen und die notwendigen Differentialgleichungen aufgestellt, Kapitel 4. Diese werden direkt in die FEM implementiert, Kapitel 5. Für die Verifikation der Modellierung wird ein Versuchsstand entwickelt, um sowohl Stromverläufe, als auch Potentialverteilungen in Hochspannungsdurchführungen messtechnisch erfassen zu können, Kapitel 6. Die Verifikation der entwickelten Methodik findet an Materialproben, Durchführungsaktivteilen und vollständigen Durchführungen statt. Dabei ist gerade bei HGÜ-Anwendungen die thermisch-elektrische Kopplung im Rahmen der Feldbetrachtung von großer

Bedeutung. Sie wird deshalb in die Untersuchung mit einbezogen. Hieraus ergeben sich weitere Fragestellungen für die HGÜ-Anwendung:

Wie wirken sich thermisch-elektrische Ausgleichsvorgänge auf die Isoliersysteme aus und ist es möglich die gekoppelten Vorgänge zu berechnen?

Aus der Literaturrecherche in Kapitel 2 ergibt sich für HGÜ-Anwendungen eine temperaturabhängige Potentialverteilung. Sobald sich die elektrische Leitfähigkeit und die Polarisationseffekte aufgrund von thermischen Einflüssen ändern, ändern sich auch die elektrischen Feldverteilungen, siehe Bild 8 und Bild 11.

Die in Theorie beschriebenen Vorgänge werden mittels Messungen an Durchführungen und Aktivteilen überprüft und bestätigt, Abschnitt 6.4. Es werden Potentialverläufe bei homogenen Temperaturen als auch vorhandenen Temperaturgradienten untersucht. Gleichzeitig sowohl die Temperatur- als auch die Potentialverteilung über den gesamten Durchmesser und die Länge einer Durchführung zu messen ist aktuell nicht möglich. Daher finden die thermischen und elektrischen Messungen an jeweils zwei weitgehend identischen Prüflingen statt. Es stehen Messobjekte mit eingegossenen Temperatursensoren und Objekte mit Potentialabgriffen an den Steuerbelägen zur Verfügung. Aufgrund der Baugleichheit können die Messergebnisse von beiden Prüflingen korreliert werden. Mit diesen Objekten ist es möglich die thermisch-elektrisch gekoppelten Phänomene messtechnisch zu untersuchen und mit entsprechenden Simulationen zu vergleichen. Insbesondere wird auf stationäre Temperaturgradienten, transiente Temperaturänderungen sowie auf Polaritätswechsel und thermisch-elektrische Transienten eingegangen.

Es zeigt sich, dass unzureichende Simulationsmodelle die beschriebenen Einflüsse nicht korrekt darstellen können. Neben den temperaturabhängigen, elektrischen Leitfähigkeiten müssen insbesondere auch die Polarisationseffekte temperaturabhängig beschrieben werden. Durch gezielte Untersuchungen der im Isoliersystem vorhandenen Materialien, werden diese über einen betroffenen Temperaturbereich dielektrisch analysiert und charakterisiert, Abschnitt 5.2. Dabei kann eine Methodik entwickelt werden, die neben der Gleichstromleitfähigkeit auch von der Temperatur beeinflusste Polarisationsmechanismen beschreibt. Gerade diese beeinflussen den Übergangsvorgang erheblich.

Über entsprechende Definition der Polarisationsmechanismen in der Berechnungsmethodik können Potentialverläufe wesentlich besser bestimmt werden. Dies wird durch Messungen im Versuchsstand verifiziert.

Welche Schlüsse lassen sich durch Anwendung der Methodik auf Prüf- und Belastungsszenarien ziehen?

Beispielhaft wird untersucht wie sich die transienten und stationären Belastungen über sehr lange Belastungszeiten entwickeln, Kapitel 7. Es wird dabei zum einen die klassische Standard-Simulation bei Vernachlässigung von Polarisationsmechanismen und zum anderen die erweiterte Simulation mit Berücksichtigung von Polarisationsmechanismen angewendet. Unterschiede in den beiden Simulationen bis hin zur Langzeitbetrachtungen, die messtechnisch schwer ermittelbar sind, werden aufgezeigt. Mögliche Folgerungen für Prüf- und Belastungsszenarien werden anschließend diskutiert.

4 Mathematische Modellierung der dielektrischen Eigenschaften

Dielektrische Eigenschaften werden analytisch nach Gleichung (2) definiert. Dabei wird die Stromdichte oftmals mit den zwei Teilen Leitungs- und Verschiebungsstromdichte beschrieben:

$$\boldsymbol{J}(t) = \boldsymbol{J}_{\mathrm{V}}(t) + \boldsymbol{J}_{\mathrm{L}}(t) = \varepsilon_0 \cdot \varepsilon_{\mathrm{r}} \cdot \frac{\partial \boldsymbol{E}(t)}{\partial t} + \kappa_\infty \cdot \boldsymbol{E}(t) \tag{21}$$

Hinweis: Die elektrische Leitfähigkeit κ in Bezug auf die Leitungsstromdichte wird folgend mit κ_∞ abgekürzt, da ab diesem Kapitel zusätzliche Hilfsvariablen mit dem Symbol κ definiert werden.

Die sogenannten „langsamen" Polarisationsmechanismen werden in Gleichung (21) vernachlässigt. Der Ansatz dieser Dissertation für die Implementierung der langsamen Polarisationsvorgänge in die FEM beruht auf der Beschreibung der dielektrischen Eigenschaften durch Differentialgleichungen nach Debye. Die oben beschriebenen Polarisationsvorgänge werden hierfür durch den zusätzlichen Polarisationsstromdichteterm $\boldsymbol{J}_{\mathrm{P}}$ nach [Lut11, S. 17] berücksichtigt.

$$\boldsymbol{J}(t) = \varepsilon_0 \cdot \varepsilon_{\mathrm{r}} \cdot \frac{\partial \boldsymbol{E}(t)}{\partial t} + \boldsymbol{J}_{\mathrm{P}}(t) + \kappa_\infty \cdot \boldsymbol{E}(\mathrm{t}) \tag{22}$$

Hinweis: Dies entspricht auch einer Modellierung der dielektrischen Eigenschaften anhand von Ersatz-Netzwerken [Zin13] [Reu20], nach Bild 3.

Zur analytischen Beschreibung und Herleitung der Differentialgleichung der langsamen Polarisationsmechanismen dient eine anschauliche eindimensionale Modellvorstellung eines infinitesimalen *RC*-Gliedes (Bild 13).

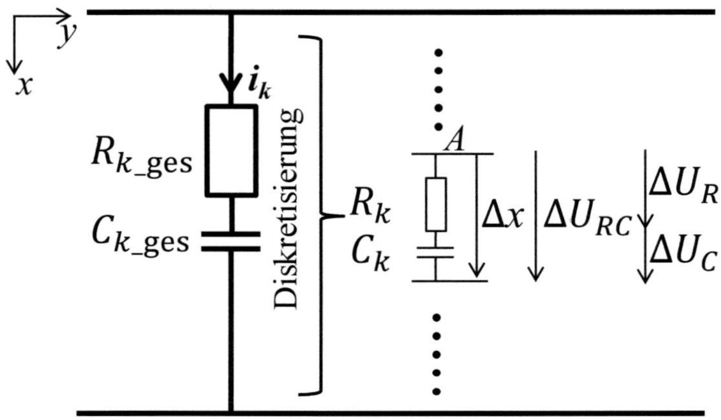

Bild 13: Eindimensionale Modellvorstellung zur Charakterisierung der langsamen Polarisationsmechanismen

Dabei erfolgt die Definition des Widerstandes R_k und der Kapazität C_k in Abhängigkeit vom infinitesimalen Abstand Δx, der Fläche A sowie der Hilfsgrößen κ_k und ε_k.

$$R_k = R_k{}' \cdot \Delta x = \frac{1}{\kappa_k} \cdot \frac{\Delta x}{A} \tag{23}$$

$$C_k = \frac{C_k{}'}{\Delta x} = \varepsilon_k \cdot \frac{A}{\Delta x} \tag{24}$$

C_k bzw. ε_k beschreiben die durch den Polarisationsmechanismus speicherbare Ladung und R_k bzw. κ_k die durch die entsprechende Polarisation verursachten Verluste. Dabei sind $R_k = R_k(T)$ und $\kappa = \kappa_k(T)$ temperaturabhängige Größen. Die für die Polarisation maßgebliche Ladung wird über C_k bzw. ε_k beschrieben und wird in erster Näherung als temperaturunabhängig angenommen [Zin13, S. 71], siehe auch Abschnitt 5.2.

Es können mit R_k und C_k die Größen ΔU_R und ΔU_C abgeleitet werden.

$$\Delta U_R = i_k \cdot R_k{}' \cdot \Delta x \tag{25}$$

$$\Delta U_C = \left(\frac{\Delta x}{C_k{}'}\right) \cdot \int i_k dt \tag{26}$$

Die Spannung ΔU_{RC} ergibt sich mit dem Strom i_k durch beide Komponenten zu:

$$\begin{aligned} \Delta U_{RC} &= \Delta U_R + \Delta U_C \\ &= i_k \cdot R_{\mathrm{k}}' \cdot \Delta x + \left(\frac{\Delta x}{C_k{}'}\right) \cdot \int i_k \, dt \end{aligned} \tag{27}$$

Aus Gl. (27) ergibt sich der Zusammenhang zwischen der Feldstärke E in x-Richtung und der Stromkomponente i_k indem die Gleichung durch Δx dividiert wird:

$$E = \frac{\Delta U_{RC}}{\Delta x} = i_k \cdot R_{\mathrm{k}}' + \left(\frac{1}{C_k{}'}\right) \cdot \int i_k \, dt \tag{28}$$

Durch Substitution des Stromes i_k über der Messfläche A mit der Stromdichte

$$J_k = \frac{i_k}{A} \tag{29}$$

sowie durch Einsetzen der Gl.en (23) und (24) ergibt sich eine geometrie-unabhängige Integralgleichung.

$$E = J_k \cdot \frac{1}{\kappa_k} + \left(\frac{1}{\varepsilon_k}\right) \cdot \int J_k dt \tag{30}$$

Diese, für die x-Komponenten E und J_k abgeleitete Integralgleichung kann auf die vektoriellen Größen übertragen werden, da $\boldsymbol{E}$ und $\boldsymbol{J}_k$ immer die gleiche Richtung aufweisen.

$$\boldsymbol{E} = \boldsymbol{J}_k \cdot \frac{1}{\kappa_k} + \left(\frac{1}{\varepsilon_k}\right) \cdot \int \boldsymbol{J}_k dt \tag{31}$$

Durch die zeitliche Ableitung ergibt sich die Differentialgleichung (32), die einem Gleichungssystem aus n gekoppelten Differentialgleichungen entspricht, welche den Zusammenhang der n Polarisationsmechanismen mit der Feldstärke $\boldsymbol{E}$ beschreiben.

$$\frac{\partial \boldsymbol{E}}{\partial t} = \frac{1}{\kappa_k}\frac{\partial \boldsymbol{J}_k}{\partial t} + \frac{\boldsymbol{J}_k}{\varepsilon_k} \tag{32}$$

Diese Differentialgleichung beschreibt allgemein das Polarisationsverhalten mit einer spezifischen Zeitkonstante τ_k. Es handelt sich um die bekannte Gleichung, mit der auch das Polarisationsverhalten nach Debye beschrieben wird [Guo83] [Her16]. Die Zeitkonstanten der Polarisationsmechanismen mit den Indices k = 1 bis n beeinflussen den Übergang vom rein kapazitiven zum resistiven Feld (Transienten).

$$\tau_k = \frac{\varepsilon_k}{\kappa_k} = R_k \cdot C_k \tag{33}$$

Die Transienten der Isolationsmaterialien werden nach Debye aus der Summe von Polarisationsmechanismen gebildet. $\boldsymbol{J}_\mathrm{P}$ in (22) besteht aus der Überlagerung von n Stromdichten, welche die verschiedenen *RC*-Glieder bzw. die verschiedenen Polarisationsmechanismen repräsentieren.

$$\boldsymbol{J}_\mathrm{P} = \sum_{k=1}^{n} \boldsymbol{J}_k \tag{34}$$

Gleichungen (22), (32) und (34) bilden ein im Prinzip bekanntes Differentialgleichungssystem, mit dessen Hilfe langsame Polarisationsmechanismen auf der Basis eines physikalischen begründeten Modells (Debye) beschrieben werden können. Es wird in dieser Arbeit erstmals genutzt, um individuelle Polarisationsmechanismen und ihre Überlagerungen direkt in eine FEM-Berechnung zu implementieren, ohne dass integrale Hilfsgrößen nach Curie-von Schweidler genutzt werden müssen. Im folgenden Kapitel 5 werden die benötigten Gleichungen für die mathematische Modellierung in einem überschaubaren Zusammenhang gebracht.

5 Implementierung der dielektrischen Eigenschaften in die FEM

Das elektrische Verhalten von langsamen Polarisationsmechanismen wird im Ersatzschaltbild mittels paralleler *RC*-Glieder beschrieben. Die in der FEM-Software dafür meist zugrundeliegenden Stoffgleichungen vernachlässigen dagegen die langsame Polarisationskomponente. Abhilfemöglichkeiten bieten zeitabhängige Potenz- bzw. Summenfunktionen [Her16], die jedoch nicht allgemeingültig, sondern abhängig vom Zeitpunkt der Spannungsänderung sind. Eine Erweiterung der physikalischen Beschreibung ist daher notwendig, Abschnitt 5.1. Für die zusätzlichen Gleichungen werden geometrieunabhängige Materialparameter benötigt. Diese müssen für einen weiten Temperaturbereich anwendbar sein, Abschnitt 5.2.

5.1 Differentialgleichungssystem zur Beschreibung der dielektrischen Materialeigenschaften

Üblicherweise basiert die Berechnung elektrischer Feldverteilungen mit Hilfe der FEM auf der Überlagerung von Verschiebungs- und Leitungsstromdichten.

$$\boldsymbol{J}(t) = \varepsilon_0 \cdot \varepsilon_\mathrm{r} \cdot \frac{\partial \boldsymbol{E}(t)}{\partial t} + \kappa_\infty \cdot \boldsymbol{E}(t) \tag{35}$$

Dabei wird ausschließlich die kapazitive und resistive Feldverteilung berücksichtigt. Es wird deshalb nach Kapitel 4 ein zusätzlicher Polarisationsstromdichteterm J_P ergänzt, und die schon beschriebenen Gleichungen (22), (32) und (34) werden hier noch einmal zusammengefasst:

$$\boldsymbol{J}(t) = \varepsilon_0 \cdot \varepsilon_\mathrm{r} \cdot \frac{\partial \boldsymbol{E}(t)}{\partial t} + \boldsymbol{J}_\mathrm{P}(t) + \kappa_\infty \cdot \boldsymbol{E}(\mathrm{t}) \tag{36}$$

J_P besteht aus einer Summe von *n* Stromdichten, welche die verschiedenen *RC*-Glieder bzw. die verschiedenen Polarisationsmechanismen der Materialien repräsentieren.

$$\boldsymbol{J}_\mathrm{P}(t) = \sum_{k=1}^{n} \boldsymbol{J}_k(t) \tag{37}$$

Für jeden Polarisationsmechanismus bzw. für jedes *RC*-Glied muss die Differentialgleichung für das Vektorfeld J_k gelöst werden.

$$\frac{\partial \boldsymbol{E}(t)}{\partial t} = \frac{1}{\kappa_k}\frac{\partial \boldsymbol{J}_k(t)}{\partial t} + \frac{\boldsymbol{J}_k(t)}{\varepsilon_k} \tag{38}$$

Bei der numerischen Lösung durch das FEM-Programm, wird das durch die Gleichungen (36) und (38) definierte Differentialgleichungssystem bzgl. der Unbekannten J_1 bis J_n sowie E für das räumlich diskretisierte Objekt in Zeitschritten näherungsweise gelöst. Die jeweilige Umsetzung in die kommerziell verfügbare Software bzw. in den eigens implementierten Löser kann auf unterschiedliche Art und Weise erfolgen. In Abschnitt 6.2 wird es am Beispiel von COMSOL Multiphysics dargestellt.

5.2 Charakterisierung der dielektrischen Materialeigenschaften

Die Parameter ε_k und κ_k sowie ε_r und κ_∞ aus den Gleichungen (36) und (38) müssen vorab für die betrachteten Materialien charakterisiert werden. ε_k und κ_k bestimmen die langsamen Polarisationsmechanismen mit dem Index *k*. ε_k beschreibt die durch den Polarisationsmechanismus speicherbare Ladung, κ_k die durch die entsprechende Polarisation verursachten temperaturabhängigen Verluste. ε_r ist die relative Dielektrizitätszahl und κ_∞ die temperaturabhängige elektrische Leitfähigkeit.

Feste und flüssige Isolierstoffe können hinsichtlich ihrer Polarisations- und Leitungseigenschaften über die Polarisations- und Depolarisationsstrommessungen (PDC) charakterisiert werden [Alf00] [Küc07]. In Bild 14 ist der schematische Versuchsaufbau dargestellt. Die Materialprobe zwischen den Elektroden befindet sich in einem Glasexsikkator der optional mit Öl gefüllt ist. Um die Messelektrode ist ein geerdeter Schutzring angebracht, der Oberflächenströme aufnimmt und die Feldbelastung im Messbereich homogenisiert. Die notwendigen Vorbereitungen an den untersuchten Feststoffmaterialproben sind im Anhang A detailliert beschrieben.

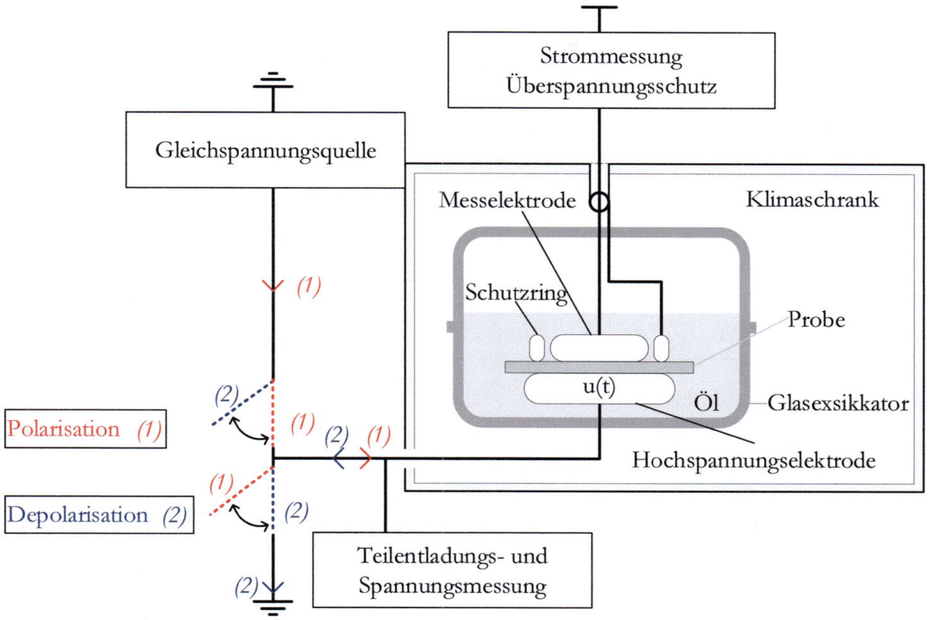

Bild 14: Versuchsaufbau der PDC-Messung mit Polarisationsphase (1) und Depolarisationsphase (2)

Ergänzend muss eine C-tan δ-Messbrücke nach Schering, sogenannte Schering-Brücke [Küc17, S. 432 ff.], genutzt werden, um die Dielektrizitätszahl und den Verlustfaktor bestimmen zu können.

Mit den Messwerten können anschließend Techniken zur geometrieunabhängigen Anpassung angewendet werden, damit die Parameter in die Gleichungen (36) und (38) eingebracht werden können. Für die Simulation und Berechnung der elektrischen Feldstärken und Ströme im Dielektrikum werden die umgewandelten Größen ε_k (ESB: R_k) und κ_k (ESB: C_k) sowie ε_r (ESB: C_{Geo}) und κ_∞ (ESB: R_∞) durch temperaturunabhängige Parameter ε_k und κ_{k_ref} sowie ε_r und κ_0 ausgedrückt. Zur Umrechnung der Parameter auf die in der FEM-Simulation eingesetzten Größen, wird weiterhin die Aktivierungsenergie W_a benötigt. Die notwendigen Parameter zur Beschreibung des dielektrischen Verhaltens sind in Tabelle 3 mit der dazugehörigen Messmethodik gelistet.

Tabelle 3: Parameter zur Charakterisierung des Dielektrikums

Parameter	**FEM**	**ESB**	**Beschreibung**	**Messmethodik**
ε_r	ε_r	C_{Geo}	Dielektrizitätszahl	Schering
κ_0	$\kappa_\infty(T)$	R_∞	elektrische Leitfähigkeit	PDC
W_a			Aktivierungsenergie	PDC
ε_k	ε_k	C_k	Kapazitiver Teil eines *RC* Gliedes	PDC
κ_{k_ref}	$\kappa_k(T)$	R_k	Resistiver Teil eines *RC* Gliedes	PDC

κ_{k_ref} und κ_0 sind die nicht temperaturabhängigen Referenzleitfähigkeiten, die im Zusammenhang mit der Aktivierungsenergie W_a und der Temperatur T, die temperaturabhängigen Größen $\kappa_k(T)$ und $\kappa_\infty(T)$ nach Arrhenius bestimmen.

Die Bestimmung der Parameter aus den Messwerten wird nun detailliert beschrieben. Dabei handelt es sich um Methoden, die bereits Stand der Technik sind z. B. [Zin13, S. 99 ff.]. Jedoch sind die drei Kapitel 5.2.1, 5.2.2 und 5.2.3 in der Kombination notwendig, um die mathematische Methodik von Abschnitt 5.1 in die Praxis umzusetzen. Kapitel 5 ist in seiner Gesamtheit eine Anleitung zur Durchführung von Simulationen an Isoliersystemen.

5.2.1 Elektrische Leitfähigkeit

Das Strömungsfeld in Isoliersystemen, kann nach Abschnitt 2.1 vereinfacht mittels der elektrischen Leitfähigkeit κ_∞ beschrieben werden. Diese ist wiederum stark temperaturabhängig. Die Abhängigkeit wird mittels der Arrhenius-Gleichung beschrieben:

$$\kappa_\infty(T) = \kappa_0 \cdot e^{\frac{-W_a}{T \cdot k_B}} \tag{39}$$

Hinweis: Neben der oben genannten Abhängigkeit der elektrischen Leitfähigkeit gibt es weitere Herangehensweisen, die z. B. in der Kabeltechnik Anwendung finden. Nach [Jer95] ist eine häufig genutzte Abhängigkeit $\sigma=\sigma_0 \exp[\alpha T+\gamma E]$ (Notation nach [Jer95]). Jedoch findet für den Fall von hochpolymeren Werkstoffen wie RIP bei geringen Feldstärken fast ausschließlich Ionenleitung statt, welche mit dem exponentiellen Arrhenius-Zusammenhang beschrieben werden kann [Lut11, S. 29 f.].

Um für verschiedene Temperaturen die elektrische Leitfähigkeit zu bestimmen muss zum einen die Aktivierungsenergie W_a, als auch die Referenzleitfähigkeit κ_0

bestimmt werden. Folgend wird auf die messtechnische und analytische Bestimmung der benötigten Parameter eingegangen.

Im ersten Schritt muss die elektrische Leitfähigkeit der stationären Leitungskomponente mit Hilfe der PDC-Messung (Bild 14) bestimmt werden. Für mindestens zwei Temperaturen wird der Isolierstoff polarisiert, bis sich ein stationärer Leitungsstrom $i_\infty(T)$ einstellt. Für die beiden Temperaturen (z. B. T_1=343 K und T_2=363 K) wird eine scheinbare Leitfähigkeit $\kappa_\infty(T_1)$, $\kappa_\infty(T_2)$ bestimmt.

$$\kappa_\infty(T) = \frac{i_\infty(T) \cdot d}{U \cdot A} \tag{40}$$

Hinweis: A ist dabei die Elektrodenfläche, U die Prüfspannung, d die Probendicke und T die betrachtete absolute Temperatur.

Mittels der Arrhenius-Gleichung (39), der Boltzmann Konstante k_B und den beiden Leitfähigkeiten $\kappa_\infty(T_1)$, $\kappa_\infty(T_2)$ wird anschließend die Aktivierungsenergie W_a für das entsprechende Material bestimmt:

$$W_a = \frac{k_B \ln\left(\kappa_\infty(T_1) / \kappa_\infty(T_2)\right)}{T_2^{-1} - T_1^{-1}} \tag{41}$$

Über die stoffspezifische Aktivierungsenergie W_a und einem bekannten $\kappa_\infty(T)$ des jeweiligen RC-Gliedes kann eine allgemeine Referenzleitfähigkeit κ_0 bestimmt werden.

$$\kappa_0 = \kappa_\infty(T) \cdot e^{\frac{W_a}{T \cdot k_B}} \tag{42}$$

Im FEM Modell kann mittels einer allgemeinen Definition der elektrischen Leitfähigkeit über die Arrhenius-Gleichung (43) zu jedem Zeitpunkt und jeder Temperatur ein exakter Wert $\kappa_\infty(T)$ berechnet werden.

$$\kappa_\infty(T) = \kappa_0 \cdot e^{\frac{-W_a}{T \cdot k_B}} \tag{43}$$

Hinweis: Es sollte eine sinnvolle obere und untere Grenze für die elektrische Leitfähigkeit festgelegt werden, damit der FEM-Löser nicht auf Konvergenzprobleme stößt. Eine Temperatur unter -100 °C bzw. über 300 °C ist für die meisten Isoliersysteme nicht relevant.

In den Stromkurven kann sich neben der Temperaturabhängigkeit auch eine Feldstärkeabhängigkeit zeigen. Diese kann durch einen Koeffizienten *b* mitberücksichtigt werden [Occ67, S. 314]. Im Vergleich zur Temperatur hat die Feldstärke jedoch einen geringeren Einfluss und kann in vielen Fällen vernachlässigt werden.

$$\kappa_{\infty}(\boldsymbol{E}) = \kappa_0 \cdot \mathrm{e}^{b \cdot \boldsymbol{E}} \tag{44}$$

5.2.2 Langsame Polarisationsmechanismen

Der Strom in der Polarisationsphase setzt sich zum einen aus i_L und zum anderen aus $i_\mathrm{P}(t)$ zusammen (Bild 5). Zur Ermittlung der benötigten Parameter κ_k (ESB: C_k) und ε_k (ESB: R_k), wird aus einer PDC-Sprungantwort, deren Polarisationsvorgänge bereits vollständig abgeklungen sind, der gemessene Gesamtstrom $i(t)$ mittels eines mathematischen Abgleichs rechnerisch abgebildet (u. a. [Sch14]). Die *RC*-Glieder ergeben sich damit wie folgt:

$$i(t) = i_\mathrm{P}(t) + i_\mathrm{L} \tag{45}$$

$$i_\mathrm{P}(t) = \sum_{k=1}^{n} i_k(t) = \sum_{k=1}^{n} \frac{U}{R_k} e^{-t/\tau_k} \tag{46}$$

Für Materialien mit stark ausgeprägten einzelnen Polarisationsmechanismen können diese durch das Kurvenfitting unmittelbar ermittelt werden. In anderen Fällen repräsentiert jedes Stromglied mit der Zeitkonstante τ_k die Summe mehrerer Polarisationseffekte. Je größer die Zahl der Stromglieder ist, desto genauer entsprechen sie den individuellen Polarisationseffekten.

Hinweis: Es ist notwendig, die Zahl der Stromglieder *n* zu begrenzen, um Rechenkapazität einzusparen und die Komplexität möglichst gering zu halten, siehe Bild 6. Es muss in jedem Fall aber sichergestellt sein, dass der Fit die Messkurve ausreichend abbildet.

Ähnlich zu Gl.(40) werden die Widerstände R_k und Kapazitäten C_k zu den Hilfsgrößen κ_k und ε_k umgerechnet.

$$\kappa_k(T) = \frac{d}{R_k \cdot A} \tag{47}$$

$$\varepsilon_k = \frac{C_k \cdot d}{A} \tag{48}$$

Die Hilfsgröße ε_k (bzw. C_k) beschreibt die durch den Polarisationsmechanismus speicherbare Ladung der untersuchten Materialien. Innerhalb des betrachteten Temperaturbereichs kann ε_k als unabhängig von der Temperatur angenommen werden.

Die Größe $\kappa_k(T)$ (bzw. R_k) entspricht einem temperaturabhängigen Hilfskoeffizienten zur Beschreibung der durch langsame Polarisation verursachten Verluste. $\kappa_k(T)$ kann auf ein temperaturunabhängiges κ_{k_ref} umgerechnet werden, indem die Arrhenius-Beschreibung auf die Hilfsgröße angewendet wird. In vielen Fällen ist es möglich, die zuvor bestimmte Aktivierungsenergie des Materials aus der elektrischen Leitfähigkeit $\kappa_\infty(T)$ zu verwenden (z. B. bei RIP).

$$W_{\mathrm{a}\_k} = W_\mathrm{a} \tag{49}$$

Falls sich die Aktivierungsenergien W_{a_k} der Polarisationsprozesse unterscheiden können diese individuell definiert werden.

$$\kappa_{k\_\mathrm{ref}} = \kappa_k\,(T) \cdot e^{\frac{W_{\mathrm{a}\_k}}{T \cdot \mathrm{k_B}}} \tag{50}$$

Damit kann dann jede beliebige Größe $\kappa_k(T)$ für jede benötigte Temperatur berechnet werden.

$$\kappa_k\,(T) = \kappa_{k\_\mathrm{ref}} \cdot e^{-\frac{W_{\mathrm{a}\_k}}{T \cdot \mathrm{k_B}}} \tag{51}$$

Wenn bei einer Raumtemperaturmessung die Stromdichte durch die sehr geringe elektrische Leitfähigkeit und die langen Zeitkonstanten der Polarisationsstromkomponenten aufgrund des begrenzten Messbereichs nicht gemessen und anschließend nicht mathematisch abgebildet werden, gehen diese Informationen verloren. Um dennoch die gesamte Polarisationsstromkomponente über eine große Temperaturspanne (z. B. 20 °C bis 90 °C) korrekt abzubilden, kann eine Messkurve bei höheren Temperaturen im Zeitbereich gemessen, zu niedrigeren

Temperaturen verschoben und anschließend an eine gemessene, noch nicht vollständig abgeklungene PDC-Sprungantwort bei niedrigerer Temperatur angehängt werden, Bild 15 [Küc17, S. 292] [Zin13, S. 71 f.] [Zin17]. Diese zusammengesetzte Sprungantwort muss anschließend wiederum mittels *RC*-Gliedern gefittet werden.

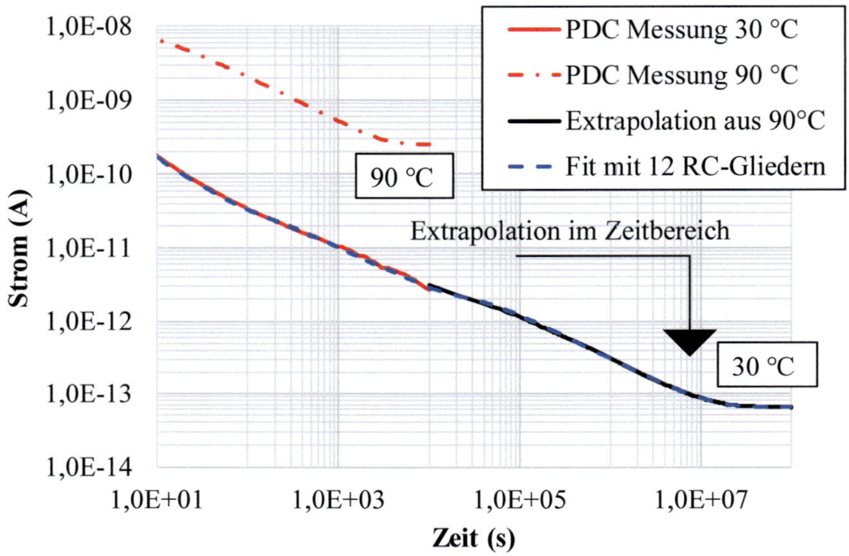

Bild 15: Gemessene Sprungantwort von RIP senkrecht zu den Papierlagen (rot, durchgezogen 30 °C, strichpunktiert 90 °C), im Zeitbereich verschobene 90 °C PDC Kurve (schwarz, durchgezogen) und berechnete Kurve mit 12 *RC* Gliedern (blau, strichliert)

Hinweis: Eine Addition von *RC*-Gliedern funktioniert nicht, da es Überschneidungen in den Zeitkonstanten gibt. Um dies zu vermeiden, muss erst eine gemeinsame Sprungantwort erstellt und anschließend der mathematische Fit durchgeführt werden.

Damit ist sichergestellt, dass sowohl die schnellen als auch die langsamen Polarisationsmechanismen und die elektrische Leitfähigkeit bei niedrigen Temperaturen korrekt abgebildet werden. Wenn der mathematische Abgleich der PDC-Kurve ausschließlich bei hoher Temperatur (z. B. 90 °C) stattfindet, gehen Informationen zu den kurzen Zeitkonstanten bei niedrigeren Temperaturen verloren. Eine Kombination der Messkurven ist daher grundsätzlich für den notwendigen Temperaturbereich zu überprüfen.

5.2.3 Dielektrizitätszahl und Verlustfaktor

Die relative Dielektrizitätszahl bzw. auch relative Permittivität ε_r bei f=50 Hz zur Beschreibung der geometrischen Kapazität wird mittels der *C*-tan δ Messbrücke gewonnen. Die Bestimmung von ε_r des Isolierstoffs ist in Gl. (52) dargestellt und wird mittels der gemessenen Kapazität $C_{\varepsilon r}$ in einem homogenen Plattenkondensator (Elektrodenmessfläche *A*) mit der untersuchten Materialprobe (Dicke *d*) berechnet.

$$\varepsilon_\mathrm{r} = \frac{C_{\varepsilon\mathrm{r}} \cdot d}{\varepsilon_0 \cdot A} \tag{52}$$

ε_r beschreibt mit der Vakuumkapazität C_0 die geometrische Kapazität C_{Geo}. Die in Realität vorhandenen dielektrischen Verluste bei 50 Hz werden nach dem Reihenersatzschaltbild durch den Verlustfaktor tan δ ausgedrückt. Der Verlustfaktor wird über die in der Schering-Messbrücke bekannten Widerstands- und Kapazitätskomponenten R_S und C_S bestimmt.

$$\tan\,\delta = \omega \cdot C_{\varepsilon\mathrm{r}} \cdot R_{\tan\delta} = \omega \cdot C_\mathrm{S} \cdot R_\mathrm{S} \tag{53}$$

Um die Verluste bei 50 Hz in der Simulation zu berücksichtigen, können durch einen Widerstand $R_{\tan\delta}$, zusätzliche resistive Eigenschaften mit einbezogen werden.

$$R_{\tan\delta} = \frac{\tan\,\delta}{\omega \cdot C_{\varepsilon\mathrm{r}}} \tag{54}$$

Die geometrieunabhängige elektrische Leitfähigkeit $\kappa_{\tan\delta}$ wird über $R_{\tan\delta}$ bestimmt.

$$\kappa_{\tan\delta} = \frac{d}{R_{\tan\delta} \cdot A} \tag{55}$$

Die schnellen Polarisationsmechanismen können infolgedessen statt wie in der klassischen FEM-Simulationen als reines *C*-Glied auch als *RC*-Glied berechnet werden. Dabei beschreibt $\kappa_{\tan\delta}$ die temperaturabhängige resistive und $\varepsilon_0 \cdot \varepsilon_r$ die kapazitive Komponente.

Hinweis: In den Simulationen wurde der Verlustfaktor tan δ vernachlässigt, da die schnellen Polarisationsvorgänge in HGÜ-Isolierungen bei Fokus auf den mehrstündigen Verlauf keine maßgebliche Rolle spielen. Z. B. führt der Verlustfaktor von RIP zu Zeitkonstanten bei 20 °C von ca. 10 µs. Da es bei der Verifikation insbesondere um die Abbildung der langen Zeitkonstanten im Bereich von Minuten und Stunden geht, wird für die Berechnung vereinfacht ein *C*-Glied (abhängig von ε_r) statt ein *RC*-Glied (abhängig von ε_r und tan δ) verwendet.

6 Verifikation der Modellbildung am Beispiel von Hochspannungsdurchführungen

17 % der Transformatorenausfälle sind auf Durchführungsfehler zurückzuführen.

[Ten11, Figure 9]

Isoliersysteme in Hochspannungsdurchführungen bilden elektrisch und thermisch hoch belastete Betriebsmittel im Energienetz. Die elektrische Belastung des Isolierstoffs wird durch den Einsatz von kapazitiven Steuerbelägen vergleichmäßigt. Insbesondere bei hohen Spannungen führt aber die dickwandige elektrische Isolation zu ungünstigen Wärmeübertragungsverhältnissen, welche die Ströme und Leistungen begrenzen. Laut [Ten11] sind 17 % der Transformatorenausfälle auf einen Durchführungsfehler zurückzuführen und nach [Sep11] sind Übertemperaturen bei 32 % die Fehlerursache. Stromwärmeverluste, Sonneneinstrahlung, dielektrische Verluste sowie Wärmeübertragung von der Oberfläche an die Umgebung bestimmen dabei die Wärmebilanz der Durchführung, welche die Übertragungskapazität begrenzt. Bei einer Gleichspannungsbelastung kommt hinzu, dass die elektrische Leitfähigkeit stark temperaturabhängig ist und die elektrische Feldverteilung beeinflusst. Die Abschätzung tatsächlicher stationärer und dynamischer Grenzwerte erfordert hier elektrothermisch gekoppelte, transiente Simulationen auf der Basis eines bekannten Materialverhaltens insbesondere hinsichtlich Polarisation und elektrischer Leitfähigkeit.

Die Verifikation der Simulationsmodelle mit dem zusätzlich implementierten Differentialgleichungssystem für die langsamen Polarisationsmechanismen wird deshalb anhand von Durchführungs- und Aktivteilprüflingen vorgenommen. Gleichzeitig sowohl die Temperatur- als auch die Potentialverteilung über den gesamten Durchmesser und die Länge einer Durchführung zu messen ist aktuell nicht möglich, da eine direkte Verbindung der Temperatursensoren zum Erdpotential Einfluss auf die resultierende Feldverteilung nimmt. Daher finden die Messungen an jeweils zwei Prüflingen statt. Insbesondere wird auf den Polaritätswechsel bei HGÜ-Anwendungen eingegangen. Neben der Durchführung und dem Aktivteil wird im ersten Schritt eine RIP-Materialprobe untersucht.

Es müssen sowohl elektrische als auch thermische Randbedingungen bekannt sein, da es sich um eine elektrisch-thermisch gekoppelte Betrachtung handelt.

Folgend wird detaillierter auf die Mess- und Simulationsobjekte (Abschnitt 6.1), das erstellte Simulationsmodell (Abschnitt 6.2), den Versuchsaufbau (Abschnitt 6.3) und die Verifikation der FEM-Modellbildung durch Vergleich mit Messungen an Hochspannungsdurchführungen (Abschnitt 6.4) näher eingegangen.

6.1 Mess- und Simulationsobjekte

Die Messobjekte und die RIP-Materialprobe sind aus der Reihe STARIP®-SI von HSP [HSP11]. Es sind jeweils ein Prüfobjekt zur Temperatur- und eines zur Potentialmessung in der Ausführung Durchführung und Aktivteil vorhanden.

Die Objekte zur Temperaturmessung besitzen eingegossene Temperatursensoren und die Objekte zur Potentialmessung Potentialabgriffe an den Steuerbelägen. Aufgrund der Baugleichheit können die Messergebnisse von beiden Prüflingen verglichen werden.

Hinweis: Die Potentialabgriffe sind an die Oberfläche des Prüflings geführte Steuerbeläge. Für den Fall einer hohen elektrischen Oberflächenleitfähigkeit in der Größenordnung der Volumenleitfähigkeit kann der Abgriff die ursprüngliche Potentialverteilung verändern. Es kann zur Stromumkehr und zum Spannungsabfall aufgrund des entstehenden parallelen Oberflächenpfads kommen. Um dies zu vermeiden wird bei erhöhter Temperatur und mit getrockneten Prüflingen gearbeitet. Die Oberflächenleitfähigkeit kann dadurch im Vergleich zum Durchgang um mehrere Dekaden reduziert werden. Die genauen Verhältnisse sind an den komplexen Objekten der Durchführung und dem Aktivteil schwer bestimmbar. Weitere Erkenntnisse dazu sind im Anhang E dargestellt.

6.1.1 Materialprobe

Die untersuchte RIP Materialprobe ist 2 mm stark und hat eine Weite von 160 mm (8-Kant). Die Seiten der Probe sind parallel und weisen eine geringe Rauigkeit auf Bild 16.

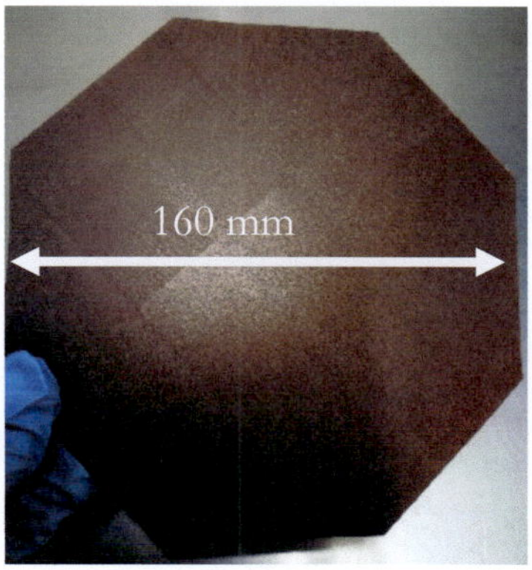

Bild 16: Bild der RIP Materialprobe

An der Materialprobe wird im Abschnitt 6.4 folgende Messung und Simulation verifiziert: Polarisationsstromkurve bei einer homogenen Temperatur von 30 °C und einer Spannung von 6 kV.

6.1.2 Aktivteil

Im Prüfling zur Temperaturmessung sind 18 Thermoelemente vom Typ K über zwei Höhen und verschiedene Radien eingebracht, Bild 17.

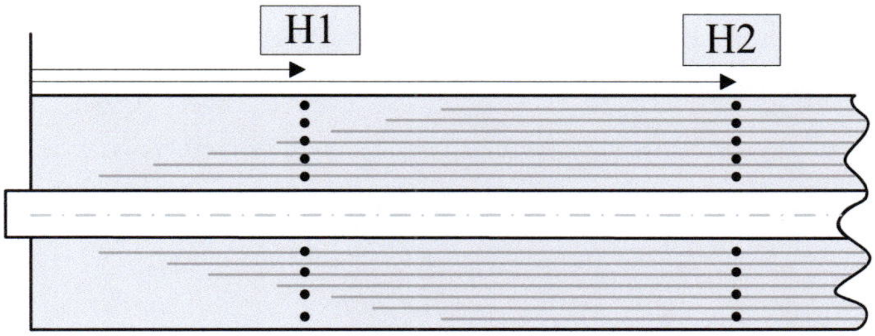

Bild 17: Schematische Darstellung des Aktivteilprüflings zur Temperaturmessung auf den Höhen H1 und H2

Der Temperaturprüfling wurde seitlich nicht abgedreht, damit die Sensoren herausgeführt werden können und ist deshalb nicht vollständig identisch zum Spannungsaktivteil. Beide Prüflingsaktivteile sind mit einem PU-Lack überzogen, um den Einfluss eindringender Feuchtigkeit zu verkleinern. Der PU-Lack verändert nicht das elektrische Verhalten vom Aktivteil in Bezug auf Leitungs- und Polarisationsprozesse im RIP-Volumen.

Das Aktivteil zur Potentialmessung hat durch radiale Bohrungen Abgriffe am 24 %, 49 % und 73 % Belag (Bild 18).

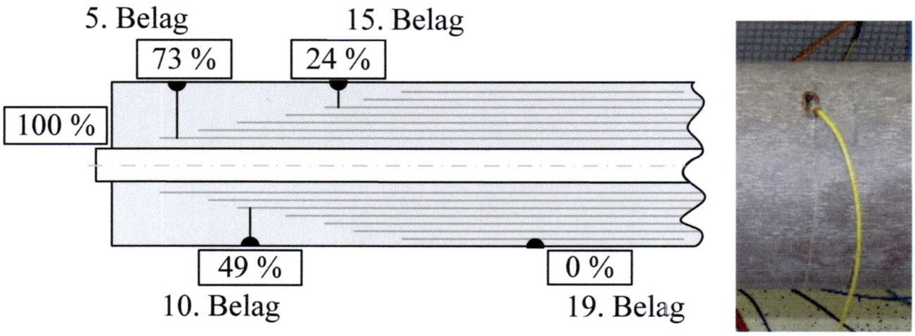

Bild 18: Schematische Darstellung des Aktivteilprüfling zur Spannungsmessung (links) und Foto eines elektrischen Abgriffes (rechts)

Am Aktivteil werden im Abschnitt 6.4 folgende Messungen und Simulationen beschrieben: Stationärer und transienter Temperaturverlauf im Aktivteil; Polariätswechsel bei ±10 kV mit homogenen Temperaturen im Aktivteil.

6.1.3 Durchführung

Die STARIP-SI Durchführung besteht aus dem RIP Aktivteil, der Hauptisolation, dem PU-Schaum als Nebenisolation und dem Silikon-GFK Außenverbundisolator (Bild 20).

Die Durchführung zur Temperaturmessung hat 33 PT100 1/3 DIN in der Haupt-, Nebenisolation und im Verbundisolator. Dabei werden über den Radius sieben Ebenen und über die Gesamtachse 13 Höhen definiert, auf denen die Temperatursensoren verteilt sind (Bild 19).

In Bild 20 ist die Durchführung mit Potentialabgriffen an den Steuerbelägen 5, 10 und 15 dargestellt. Der Erdbelag (19. Steuerbelag) ist über einen Flanschabgriff kontaktierbar. Der 5. Steuerbelag entspricht dem 73 % Potentialwert, der 10. dem 49 % Wert und der 15. dem 24 % Wert. Der 0. Steuerbelag liegt auf dem Hochspannungspotential (100 %). Die Abgriffe sind axial über die stirnseitige Transformatorseite ausgeführt und wurden während des Herstellungsprozesses der Durchführung mit eingewickelt (Bild 21).

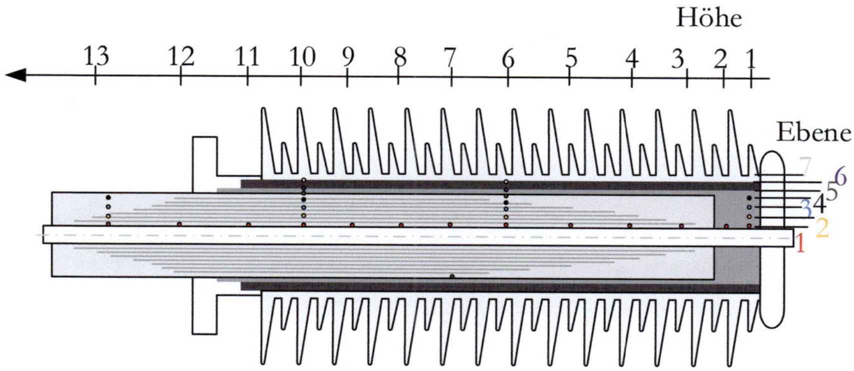

Bild 19: Schematische Darstellung des Durchführungsprüflings zur Temperaturmessung mit 33 Temperatursensoren auf 13 Höhen und 7 Ebenen

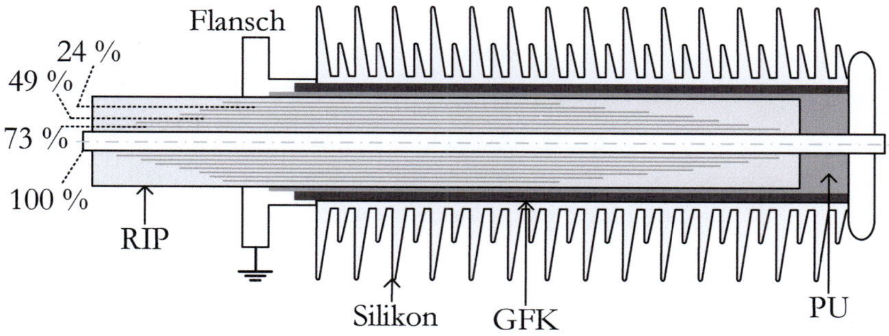

Bild 20: Schematische Darstellung des Durchführungsprüflings zur Potentialmessung

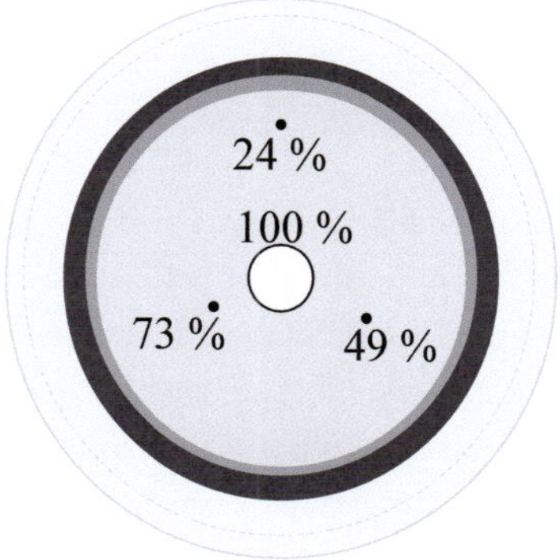

Bild 21: Schematische Darstellung der axialen Potentialabgriffe an der Prüflingsdurchführung

Bezüglich der Durchführung werden im Abschnitt 6.4 folgende Messungen und Simulationen beschrieben: Stationärer und transienter Temperaturverlauf;

Polaritätswechsel bei ±10 kV mit Temperaturgradienten in der Durchführung; Potentialverlauf über 4 h bei +10 kV und vorliegendem Temperaturgradienten.

6.2 Simulationsmodell

Bei der Erstellung des Simulationsmodelles sind 6 Schritte notwendig (siehe Bild 22). Die ersten Schritte sind die Geometrieerstellung und die Materialparameterdefinition. Im Anwendungsbeispiel betrifft das die Maße und Parameter von GFK, Silikon, PU-Schaum sowie RIP (Abschnitt 6.2.1 und 6.2.2). Anschließend müssen die thermischen und elektrischen Rand- und Anfangsbedingungen wie z. B. Wärmeübergangskoeffizienten und Potentiale festgelegt werden (Abschnitt 6.2.3). Des Weiteren werden die vorhandenen physikalischen Beschreibungen mit den notwendigen Differentialgleichungen aus Abschnitt 5.1 ergänzt (Abschnitt 6.2.4). Die Netzerstellung und die Solverwahl (Abschnitt 6.2.5) ermöglichen die Berechnung von Näherungslösungen und führen zu den FEM-Ergebnissen (Auswertung durch den Post-Prozessor), welche in Abschnitt 6.4 mit Messungen verglichen werden können.

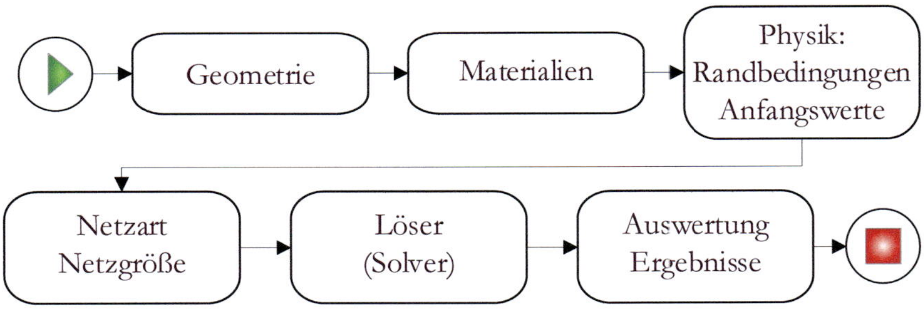

Bild 22: Programmablaufplan eines FEM-Programmes

Hinweis: Die Arbeit nimmt ausschließlich Bezug auf den Temperatureinfluss. Neben dem Temperatureinfluss ist z. B. auch die Feuchtigkeit ein Einflussfaktor auf die elektrische Leitfähigkeit [Reu20]. Feuchtigkeit im Dielektrikum führt zu einer Erhöhung der Volumenleitfähigkeit, Feuchtigkeit an der Oberfläche führt zu einer höheren Oberflächenleitfähigkeit und zur Beeinflussung der Potentialaufteilung [Wir18a] [Reu20]. Um den Einfluss der Feuchtigkeit außen vor zu lassen, wird bei einer erhöhten Raumtemperatur gemessen. Dadurch erhöht sich die Volumenleitfähigkeit und die absolute Feuchteaufnahme sinkt. Zwischen den Messungen werden die Prüflinge in Vakuumbehältern aktiv getrocknet. Das heißt, Heizmatten erwärmen die Behälter und mit einer Vakuumpumpe wird die ausdiffundierte Feuchtigkeit entfernt. Weitere Betrachtungen zum Thema Einfluss der Feuchtigkeit finden sich im Anhang E. Weiterhin kann die elektrische Feldstärke in gewissen Feldstärkebereichen einen Einfluss auf die Eigenschaften der Isolierstoffe nehmen. Für niedrige Feldstärken kann von einer konstanten elektrischen Leitfähigkeit ausgegangen werden. Da die untersuchten Feldstärken nicht größer als 2 kV/mm sind, kann die Feldstärkeabhängigkeit vernachlässigt werden [Hal11, Abschnitt A.2.]. Ein Einfluss, der ebenfalls nicht weiter betrachtet wird, ist die Alterung. Diese führt zu einer Änderung der dielektrischen Eigenschaften, auf Grund von Beeinflussung und Veränderung der chemischen Struktur [Zin13] [Hal11]. Eine Alterung kann bei den Verifikationsmessungen ausgeschlossen werden, weil die Prüflinge nicht durch Dauerlast, sondern nur durch die einzelnen Messungen belastet werden.

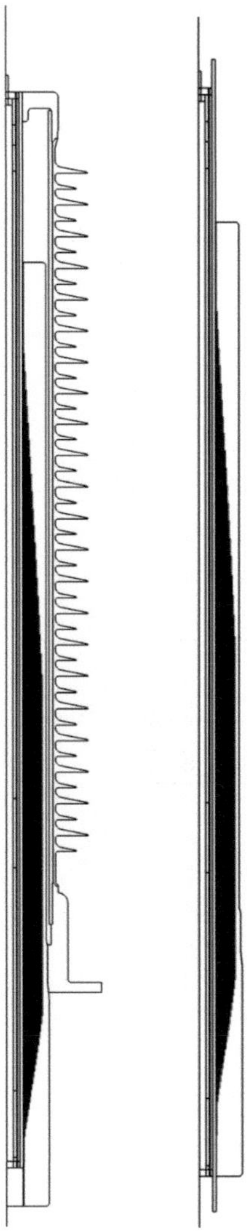

Bild 23: Geometrie der Durchführung (l.) und des Aktivteils (r.)

6.2.1 Geometrieerstellung

Die Geometrie wird in diesem Fall aus technischen Zeichnungen gewonnen. Bevor diese als DXF-Dateien importiert werden können, müssen Vereinfachungen und unnötige Details, wie z. B. Gewinde entfernt werden. Die Durchführung, das Aktivteil und die Materialprobe werden als rotationssymmetrische Objekte betrachtet. Vereinfachungen dahingehend werden ebenfalls vor der Importierung an den Zeichnungen vorgenommen. In Bild 23 ist der Geometrieaufbau der Durchführung (links) und des Aktivteils (rechts) dargestellt.

6.2.2 Materialparameter

Die zu charakterisierenden Materialien der verwendeten 123 kV-Durchführung [HSP11] sind in Tabelle 4 aufgelistet. Dabei wird die verwendete Materialprobe an welcher sowohl elektrische als auch thermische Messungen durchgeführt werden, näher definiert.

Hinweis: Die genutzten PDC-Kurven für die elektrische Materialparameterbestimmung wurden im Rahmen der Masterarbeit [Hop17b] aufgenommen. Die thermischen Materialparameter stammen weitestgehend aus früheren Arbeiten [Stä11], [ZAE] und [Dun15].

Tabelle 4: Materialien der untersuchten 123 kV-Durchführung

Abkürzung	Materialprobe
RIP1	Harzimprägniertes Papier, Parallel zu den Papierlagen, RIP axial
RIP2	Harzimprägniertes Papier, Senkrecht zu den Papierlagen, RIP radial
RIP3	Harzimprägniertes Papier, Parallel zu den Papierlagen, RIP axial
Si HTV	Silikon vom Typ HTV
GFK	Glasfaserverstärkter Kunststoff
PU-Schaum	Polyurethanschaum mit SF_6 geschäumt

In folgenden Unterkapiteln wird nun allgemein auf die dielektrischen und thermischen Eigenschaften der Materialparameter eingegangen. Ergänzende Tabellen finden sich im Anhang B und C.

6.2.2.1 Thermische Materialparameter

Die thermischen Materialparameter spezifische Wärmekapazität c_P und Wärmeleitfähigkeit λ werden mittels eines Transient-Hot-Bridge Verfahrens von Linseis (THB 100) und einem Kalorimeter gemessen [Stä11]. Die Bestimmung der thermischen Materialparameter ist ausführlicher im Anhang C dargestellt.

6.2.2.2 Elektrische Materialparameter

Die elektrischen Materialparameter aus Tabelle 3 werden durch C-tanδ- und PDC-Messungen an flachen Materialproben, $d \approx 2$ mm (siehe Abschnitt 5.2) gewonnen [Hop17b].

a) RIP

Die elektrischen Eigenschaften von RIP sind anisotrop. Das bedeutet ihre Leitungs- und Polarisationsmechanismen parallel und senkrecht zu den Papierlagen unterscheiden sich und infolgedessen wird das Material in radiale Strom bzw. Feld- (orthogonal zu den Papierlagen) und axiale (parallel zu den Papierlagen) Strom bzw. Feldeigenschaften unterteilt [Hop17a], Bild 24.

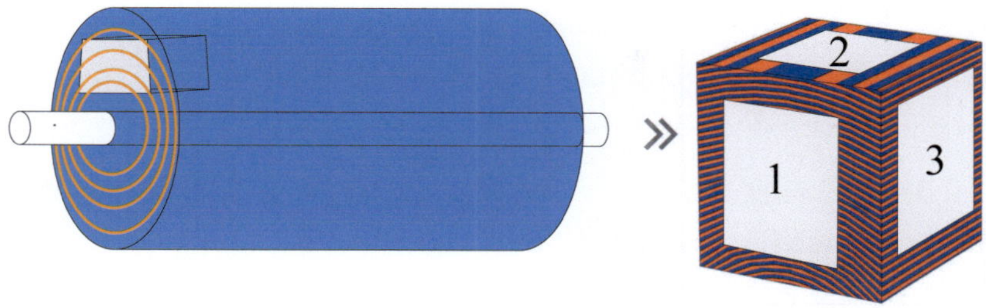

Bild 24: Schematische Darstellung der RIP-Probenkörper Herstellung aus einem Papier-Harz-Wickel (links) bzw. herausgeschnittenen Block (Detailansicht rechts) und Orientierung der flachen Materialproben im herausgeschnittenen RIP-Block (RIP 1/2/3, rechts)

Der Strom durch die Proben P1 und P3 verläuft dabei parallel zu den Papierlagen (Bild 24). Die Unterscheidung von P1 und P3 beruht auf der Probenherstellung aus einem RIP-Block. Aufgrund dessen zeigen die Messergebnisse in Bild 25 identische Eigenschaften für RIP1 und RIP3. Der Strom durch die Probe RIP2 verläuft senkrecht zu den Papierlagen.

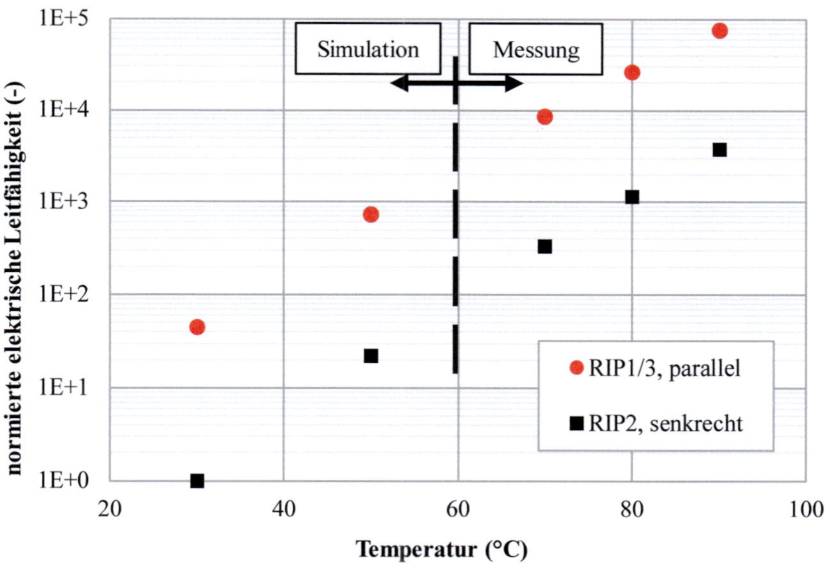

Bild 25: Gemessene und simulierte scheinbare elektrische Leitfähigkeit von RIP in radialer und axialer Richtung nach [Hop17a]

Die elektrische Leitfähigkeit von RIP2 ist niedriger als von RIP1/3. Dies ergibt sich durch die elektrischen Eigenschaften von Papier und Harz. Im Fall von RIP2 sind die Materialien in Reihe und ihre elektrischen Widerstände addieren sich.

Bei RIP1/3 dagegen kann durch die Parallelschaltung der elektrischen Widerstände ein höherer Stromfluss durch das leitfähigere Medium ermöglicht werden [Hop17a].

Für die Beschreibung des transienten Verhaltens wird das Material in axialer Orientierung durch fünf *RC*-Glieder modelliert (Bild 26), in radialer Richtung mit sechs *RC*-Komponenten (Bild 6, Bild 27). Dadurch kann eine ausreichend genaue Nachbildung der gemessenen PDC-Kurven erreicht werden.

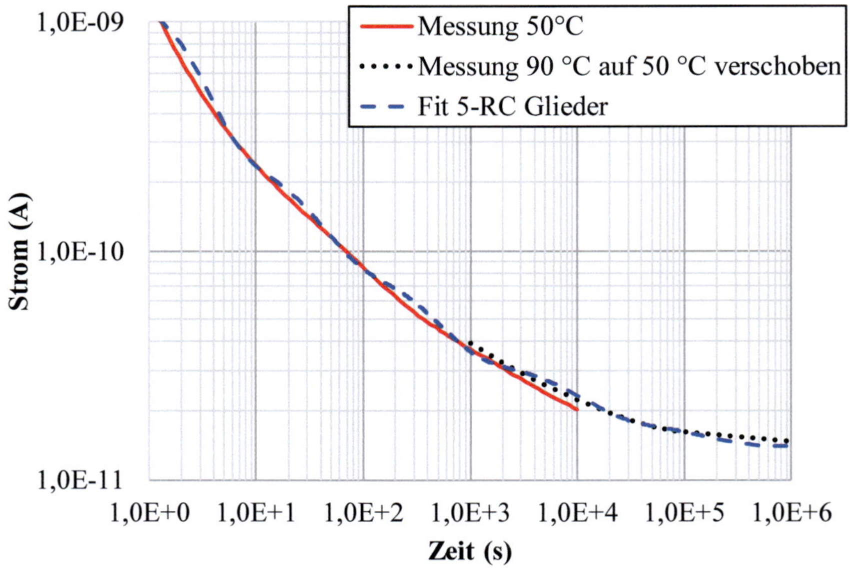

Bild 26: Gemessene Sprungantwort von RIP axial (rot, durchgezogen), im Zeitbereich verschobene 90 °C PDC Kurve (schwarz, punktiert) und gefittete Kurve mit 5 *RC*-Gliedern (blau, strichliert)

Charakterisierungsfehler können entstehen, wenn elektrische Isolierstoffe bei niedrigen Temperaturen und infolgedessen verhältnismäßig lange andauernden Polarisationsströmen bestimmt werden. Dabei sind die Ströme meist nach kurzen Zeitkonstanten bereits unterhalb der Auflösungsgrenze. Zum Beispiel stellt sich bei der PDC-Sprungantwort von harzimprägniertem Papier (RIP) bei 30 °C erst nach mehr als 100 Tagen ein stationärer Leitungsstrom ein (Bild 27). Aufgrund der niedrigen elektrischen Leitfähigkeit ist schon nach 10^4 Sekunden der Stromwert in der Größenordnung der Auflösungsgrenze 10^{-12} A. Die Welligkeit des mathematischen Fits kommt durch die einzelnen *RC*-Glieder bzw. Polarisationsmechanismen zustande (strichlierte Kurven in Bild 27).

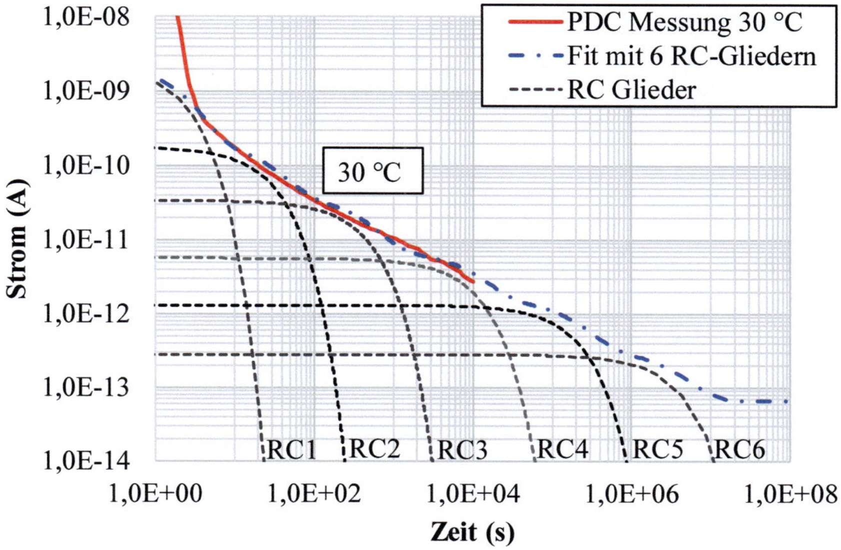

Bild 27: Fit mit 6 *RC*-Glieder (blau, strichpunktiert) im Vergleich zur Messung (rot, durchgezogen) und Darstellung der einzelnen *RC*-Stromkurven (schwarz, strichliert) bei einer RIP-Probe (radial)

Durch „Hereinzoomen“ wie in Bild 26 oder Bild 27 werden „Buckel“ in den simulierten Kurven sichtbar. Je näher die simulierten Werte betrachtet werden, desto deutlicher sind die Einzelströme der jeweiligen Zeitkonstanten zu erkennen. Wenn im Falle vom Bild 27 12 *RC*-Glieder berücksichtigt werden, sehen die Kurven optisch „perfekt“ für diese Stromskala aus. Das ist jedoch nicht zielführend, da die Berechnungszeit steigt (Faktor 6). Es geht neben der Genauigkeit vor allem um die Größenordnung und die praktische Umsetzbarkeit. In Bild 28 ist die nicht-logarithmische Darstellung der PDC Messung und der Fits mit 12 bzw. 6 *RC*-Gliedern zum Vergleich dargestellt. Es wird deutlich, dass mehr *RC*-Glieder einen genaueren Abgleich möglich machen. Jedoch ist die Größenordnung in beiden Fits ausreichend für die Simulation. 6 *RC*-Glieder sind ein Kompromiss und bei Bedarf kann eine höhere Genauigkeit durch einen feineren Fit erreicht werden.

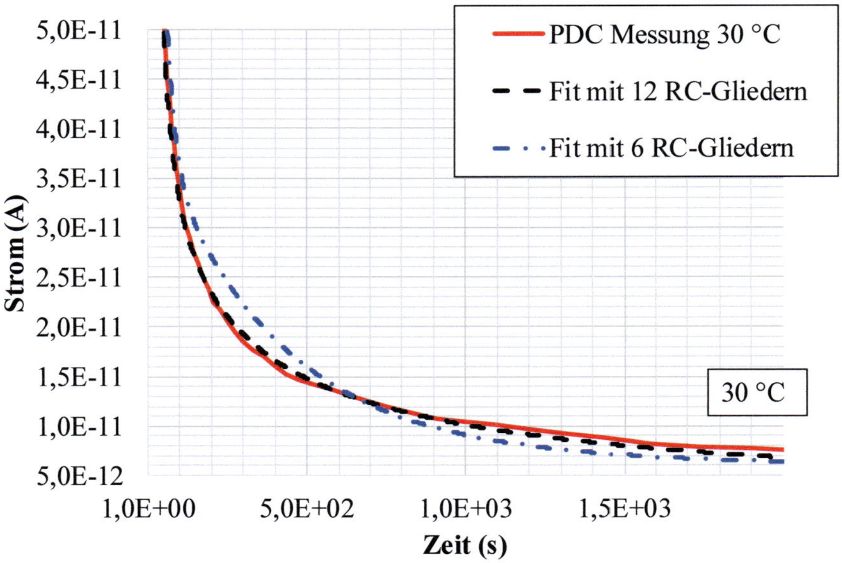

Bild 28: Nicht-logarithmischer Stromverlauf in den ersten 2000 s einer PDC Messung (rot, durchgezogen) einer RIP-Probe (radial) bei 30 °C und zwei Fits mit 6 *RC*-Glieder (blau, strichpunktiert) im Vergleich zu 12 *RC*-Glieder (schwarz, strichliert)

Der Einfluss der Feldstärke wird im Folgenden vernachlässigt, da bei den hier vorliegenden maximalen 2 kV/mm keine Abhängigkeit festgestellt werden konnte [Hal11, Abschnitt A.2.].

b) Nebenisolation: PU-Schaum

Beim PU-Schaum ist der Leitungsstrom dominierend. Der PU-Schaum kann deshalb als rein resistive Komponente angenommen werden [Wir18a]. Er hat eine elektrische Leitfähigkeit in der Größenordnung von $3 \cdot 10^{-10}$ S/m, aber weist keine eindeutige Temperatur- oder Feldstärkeabhängigkeit auf [Hop17b, S. 74]. In der Simulation wird daher eine konstante Leitfähigkeit angenommen.

c) Verbundisolator: GFK und Silikon

GFK und Silikon zeigen ein stark ausgeprägtes Polarisationsverhalten [Hop17b, S. 51 ff.]. Silikon wird mit vier und GFK mit fünf *RC*-Gliedern abgebildet. Silikon und GFK werden isotrop angenommen. Da GFK eine Glasfaserschichtung besitzt, könnte eine Abhängigkeit der Orientierung vorliegen. Materialdaten bei Stromfluss parallel zu den Fasern wurden nicht ermittelt, da für den feldschwachen Bereich eine isotrope Annahme genügt.

Tabelle 5 zeigt beispielhaft das Material GFK unterteilt in seine Komponenten κ_0, κ_{k_ref} und ε_k. Im Anhang B sind die übrigen Materialparameter in gleicher Art dokumentiert. Die Zeitkonstanten τ sind für eine Temperatur von 20 °C bestimmt.

Tabelle 5: Charakterisierung des Materials GFK

Wert		Wert		Wert	
κ_{1_ref}	2,90E+08 S/m	ε_1	2,60E-12 F/m	τ_1	1,62E+01 s
κ_{2_ref}	3,60E+06 S/m	ε_2	2,60E-12 F/m	τ_2	1,31E+03 s
κ_{3_ref}	4,50E+05 S/m	ε_3	5,10E-12 F/m	τ_3	2,05E+04 s
κ_{4_ref}	2,40E+04 S/m	ε_4	5,70E-12 F/m	τ_4	4,30E+05 s
κ_{5_ref}	2,30E+03 S/m	ε_5	2,30E-12 F/m	τ_5	1,81E+06 s
κ_0	1,40E+03 S/m	ε_r	5	τ_r	5,72E+07 s
		W_a	1,98E-19 J		

Die Isolierstoffe sind durch die Werte der Tabelle 5 über einen gewissen Temperaturbereich universell definiert. Im FEM Modell werden die Parameter für jeden Knoten des Netzes in Bezug auf die Knotentemperaturen jeweils direkt bestimmt (Bild 29 links). Zum Vergleich müsste in einem *RC*-Modell jedes einzelne *R*-Glied vorab neu berechnet werden (Bild 29 rechts). Im FEM Modell werden somit 31253 Knoten berechnet und im *RC*-Modell nur 76 Knoten. Es wird mit der FEM eine höhere Ortsauflösung der Hochspannungskomponenten erreicht.

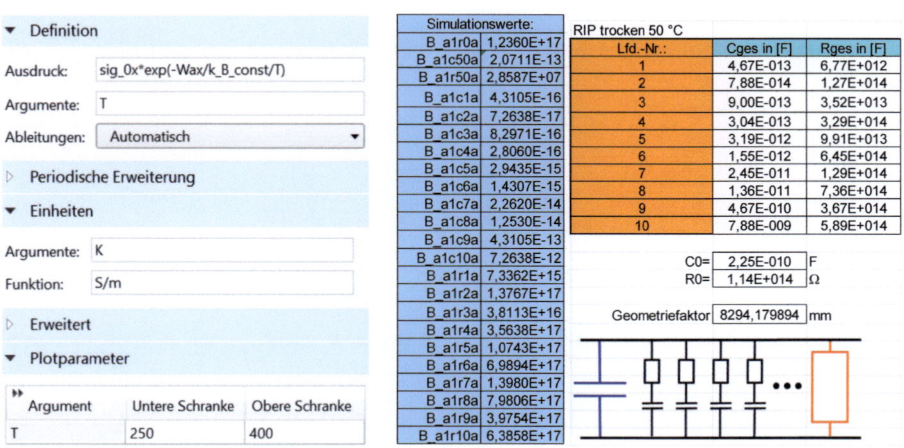

Bild 29: Globale parameterabhängige Materialdefinition in einer COMSOL-Maske (links) und Materialdefinition für ein *RC*-Element zwischen zwei Knotenelementen (rechts)

6.2.3 Randbedingungen

Für die Simulation der Hochspannungsdurchführung müssen neben den elektrischen und thermischen Materialeigenschaften die Randbedingungen bekannt sein. Darunter fallen die thermischen mit der Wärmebilanz durch Zu- und Abfuhr sowie die elektrischen mit der Definition vom Hochspannungs- und Erdpotential.

6.2.3.1 Thermische Randbedingungen

a) Wärmebilanz

Wärmeerzeugung, Wärmespeicherung sowie Zu- und Abfuhr von der Oberfläche an die Umgebung ergibt die Wärmebilanz.

$$Q_{\mathrm{zu}} = Q_{\mathrm{ab}} + Q_{\mathrm{Sp}} \tag{56}$$

In der Betrachtungsweise von Wärmeleistungen ergeben sich die einzelnen Beiträge von Q_{zu} pro Zeiteinheit wie folgt:

- Stromwärmeverluste P_{V} in der stromdurchflossenen Durchführung, deren Verbindungen und Kontakten
- Dielektrische Verluste in den Isolierstoffen P_{Di}
- Leistung durch Sonnen- und Himmelsstrahlung (Globalstrahlung) P_{SH}
- Wärmeleistung durch das Transformatoröl P_{T}

Die abgeführten Wärmeleistungen ergeben sich zu:

- Wärmestrahlung P_{s}
- Konvektion P_{K}
- Wärmeleitung durch z. B. angeschlossene Kabel P_{L}

Die Gesamtgleichung ergibt sich daher zu:

$$P_{\mathrm{SH}} + P_{\mathrm{Di}} + P_{\mathrm{T}} + P_{\mathrm{V}} = P_{\mathrm{s}} + P_{\mathrm{K}} + P_{\mathrm{L}} + P_{\mathrm{Sp}} \tag{57}$$

Bild 30 zeigt schematisch die möglichen Leistungsquellen und Senken einer Transformatordurchführung.

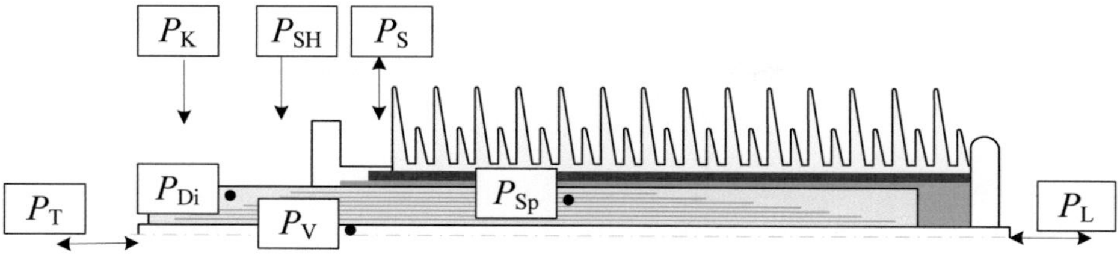

Bild 30: Übersicht der Verlustleistungen am Beispiel einer Hochspannungsdurchführung

Um die zeitlichen Temperaturverteilungen der Durchführung betrachten zu können, muss die spezifische Wärmekapazität der Materialien bekannt sein. Der Wärmespeicherungsterm P_{SP} ergibt sich zu:

$$P_{\mathrm{Sp}} = m \cdot c_{\mathrm{P}} \cdot \frac{d\vartheta}{dt} \tag{58}$$

Unter normalen Bedingungen ist die Hochspannungsdurchführung der Sonnen- und Himmelsstrahlung ausgesetzt. Da der Versuchsaufbau in einer Art Klimakammer stattfindet, ist die Globalstrahlung nicht vorhanden. Des Weiteren ist die Durchführung auf der Transformatorseite in Kontakt mit der Umgebungsluft und nicht mit Öl.

Im Versuch dient ausschließlich ein Elektroheizstab als Wärmequelle. Die temperaturabhängigen dielektrischen Verluste im Isolierstoff sind in der Größenordnung von µW bis mW und haben damit einen vernachlässigbaren Einfluss auf die Temperaturverteilung. Dadurch reduziert sich die Gl. (57) auf:

$$P_{\mathrm{V}} = P_{\mathrm{S}} + P_{\mathrm{K}} + P_{\mathrm{Sp}} \tag{59}$$

Im Folgenden wird auf die einzelnen Terme P_V, P_S und P_K näher eingegangen.

b) Wärmequelle

Die Wärmezufuhr erfolgt bei Gleichspannung über die Berechnung der ohmschen Verluste:

$$P_{\mathrm{V}} = R \cdot I^2 \tag{60}$$

Bei AC-Anwendungen muss zusätzlich der Skin- und Proximity-Effekt mit einbezogen werden, IEC 60287 [IEC14].

Für die Verifikationsmessungen wird ein leistungsgesteuerter Elektroheizstab verwendet. Dementsprechend kann in der Simulation die eingestellte Verlustleistung des Heizstabes als P_V angenommen werden. Eine axiale Unterteilung der Leistungsabgabe im Elektroheizstab ist notwendig, da durch die vierlagige Wicklung und Granulatfüllung mit Al_2O_3 (Granalox-Pulver) eine unbekannte inhomogene Schichtung zustande kommt. Die locker liegenden Randbereiche des Elektroheizstabes besitzen im Lastfall eine geringere volumetrische Verlustleistung im Vergleich zum Zentrum. Um den Elektroheizstab und dessen Verlustverteilung über die Länge korrekt abzubilden, wird er mittels Thermographiemessungen untersucht und anschließend charakterisiert, Bild 31.

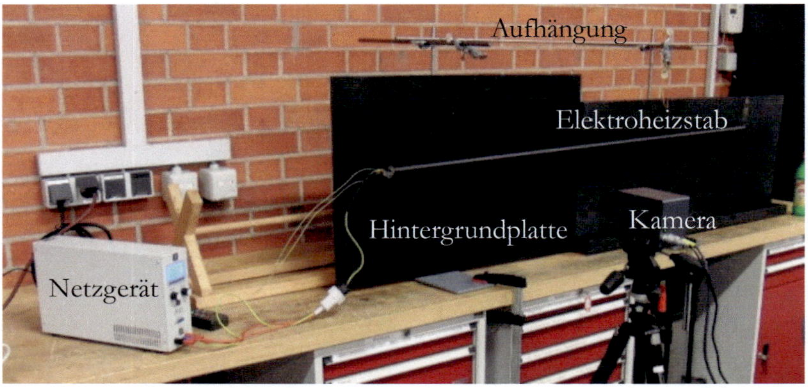

Bild 31: Versuchsaufbau Thermographie Messung des lackierten Elektroheizstabes

Bei der Thermographiemessung wird der relative Temperaturverlauf qualitativ gut abgebildet. Für die Auswertung der absoluten Temperaturen muss der Emissionskoeffizient der betrachteten Komponente bekannt sein. Durch die Lackierung des Elektroheizstabes beträgt dieser 0,89 und konnte mittels Kontaktfühlern bestätigt werden. Die Temperaturverteilung wird bei unterschiedlichen Leistungen aufgenommen 169 W, 130 W und 33 W, Bild 32.

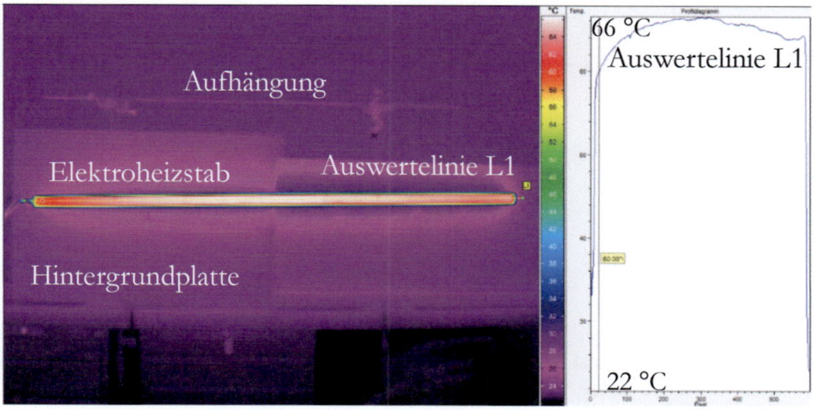

Bild 32: Thermographieaufnahme mit einem Standardobjektiv bei 130 W Leistungsabgabe (links) und Auswertung der Oberflächentemperatur entlang einer Linie (rechts)

Mittels FEM-Simulationen kann die gemessene Temperaturverteilung abhängig von der Verlustleistung bestimmt werden. Dabei wird eine inhomogene Leistungsverteilung als Wärmequelle für die Simulation definiert. Im Simulationsmodell wird der Elektroheizstab in sechs Bereiche aufgeteilt, Bild 33.

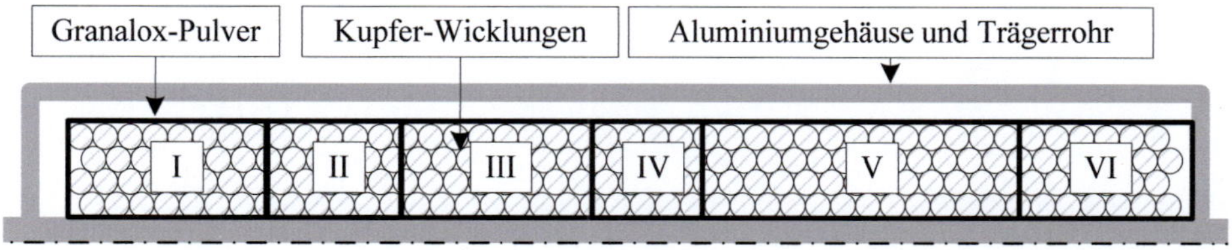

Bild 33: Aufbau des Elektroheizstabs und Definition der Heizbereiche für die FEM-Simulation

In Bild 34 ist der Vergleich von Simulation und Messung des Elektroheizstabes dargestellt. Die Leistungsverteilung des Elektroheizstabes bildet die Realität ab und wird dementsprechend für die Wärmeabgabe innerhalb vom Leitungsrohr der Durchführung eingeführt.

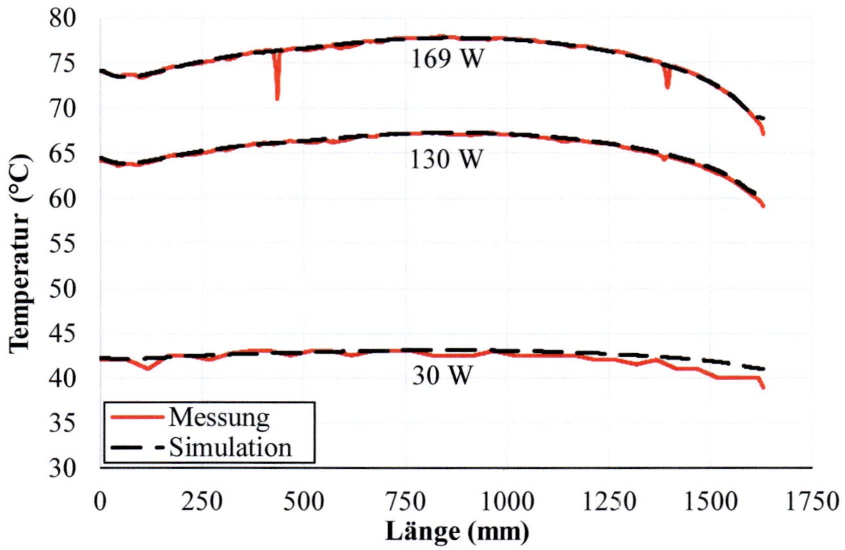

Bild 34: Vergleich der Temperaturen über die Länge des Elektroheizstabes bei der Thermographiemessung (rot, durchgängig) und der Simulation (schwarz, strichliert) für drei Leistungen

Hinweis: Die Temperatureinbrüche in der 169 W Messung in Bild 34 werden durch nicht lackierte Stellen des Elektroheizstabes verursacht. Durch eine leichte Verschiebung der Aufhängung (Anglerseil) wird an diesen Punkten nicht die schwarze Lackierung gemessen, sondern direkt das Aluminiumgehäuse, welches einen niedrigeren Emissionskoeffizienten (ca. 0,2) besitzt.

c) Wärmeübergangs- und Emissionskoeffizienten

Zu den thermischen Randbedingungen zählen weiterhin die Wärmeübergangskoeffizienten, welche konvektive und strahlungsspezifische Eigenschaften betreffen. Der Emissionskoeffizient bzw. Emissionsgrad ε von Silikon beträgt beispielsweise 0,95 und bestimmt den Wärmefluss im Randbereich aufgrund von Strahlungsprozessen.

$$P_S = \varepsilon \cdot \sigma \cdot A_0 \cdot (T^4 - T_{ext}^4) \qquad (61)$$

Hinweis: σ=5,67 W/m²/K⁴ als Strahlungskonstante des schwarzen Körpers (Stefan-Boltzmann-Konstante).

Am Aktivteil besitzt RIP aufgrund der PU-Lackierung einen Emissionskoeffizienten von 0,65. An der Durchführung wurde das Material RIP transformatorseitig nicht lackiert und der Emissionsgrad beträgt 0,85. Diese

Emissionskoeffizienten sind im Simulationsmodell hinterlegt und die Strahlung wird mittels Gleichung (61) berücksichtigt.

Zur Beschreibung des konvektiven Wärmeübergangs zwischen einer festen Oberfläche und einem strömenden Fluid werden über Messungen ermittelte Kennzahlen verwendet, Tabelle 6. Dimensionslose Kennzahlen bzw. Ähnlichkeitszahlen können übersichtlich physikalische Zustände wie Strömungsprozesse beschreiben. Der Wärmeübergangskoeffizient aufgrund von natürlicher Konvektion kann über die Kennzahlen wie Grashof *Gr* und Prandl *Pr* bestimmt werden und definiert den Wärmestrom in Bezug auf die betrachtete Oberfläche:

$$P_{\mathrm{K}} = \alpha \cdot A_0 \cdot (T - T_{ext}) \tag{62}$$

In der Simulation wird der Übergangskoeffizient α bzw. h (COMSOL Notation) mittels der in der Geometrie definierten Durchmesser D und Ähnlichkeitszahlen entsprechend der Tabelle 6 berechnet. Die in Tabelle 6 genutzten Parameter sind: Erdbeschleunigung g, spezifische Wärmekapazität c_P, Dichte ρ, Wärmeleitfähigkeit λ, kinematische Viskosität ν, charakteristischer Durchmesser D, Temperatur T und Umgebungs- bzw. Ruhetemperatur T_{ext}, Wärmeausdehnungskoeffizient β.

Tabelle 6: In der Simulation verwendete Kennzahlen zur Bestimmung von Wärmeübergangskoeffizienten an einer ebenen Wand bzw. einem Zylinder [Inc07]

Kennzahl	Formel
α bzw. h [Inc07, S. 579 f.]	$\alpha = \frac{\lambda}{D}\left[0{,}6 + \frac{0{,}387 \cdot {Ra_D}^{1/6}}{(1 + (0{,}559/Pr)^{9/16})^{8/27}}\right]^2$
Pr	$Pr = \nu \cdot \frac{\rho \cdot c_\mathrm{p}}{\lambda}$
Gr [Inc07, S.565]	$Gr = \mathrm{g} \cdot D^3 \cdot \beta \cdot \frac{T - T_\mathrm{ext}}{\nu^2}$
Ra_D	$Ra_D = Gr \cdot Pr = \frac{\mathrm{g} \cdot \rho \cdot c_\mathrm{P} \cdot \lvert T - T_\mathrm{ext}\rvert \cdot D^3}{\lambda \cdot \nu}$

d) Umgebungstemperatur

Die Randbedingung Umgebungstemperatur wird über die aufgenommenen Messwerte definiert.

6.2.3.2 Elektrische Randbedingungen

a) Hochspannungs- und Erdpotential

Zu den grundlegenden elektrischen Randbedingungen gehören die Elektroden mit Hochspannungs- und Erdpotential. Die definierten Potentiale sind in Bild 35 dargestellt. Das anliegende Hochspannungspotential hängt von der durchgeführten Messung ab und kann variieren z. B. Polaritätswechsel beim Umpolen.

Hinweis: Die elektrisch leitfähigen Elektrodenmaterialien sollten nicht mitsimuliert werden. Durch elektrische Leitfähigkeitsunterschiede um mehrere Zehnerpotenzen kann es während der Lösung der Gleichungssysteme zu Singularitäten kommen. Die Potentiale sollten als Randbedingungen von Linienelementen definiert werden.

b) Leitfähige Steuerbeläge

Die Aluminiumsteuerbeläge werden im Simulationsmodell als thermisch und elektrisch leitfähig angenommen, um sowohl die axiale Wärmeabfuhr als auch die elektrische Feldsteuerung zu beachten. Diese sind mit einer virtuellen Schichtdicke von 14 µm berücksichtigt. Ihre Wärmeleitfähigkeit beträgt 235 W/m/K.

Bild 35 gibt einen Überblick über die thermischen und elektrischen Randbedingungen in einer Hochspannungsdurchführung.

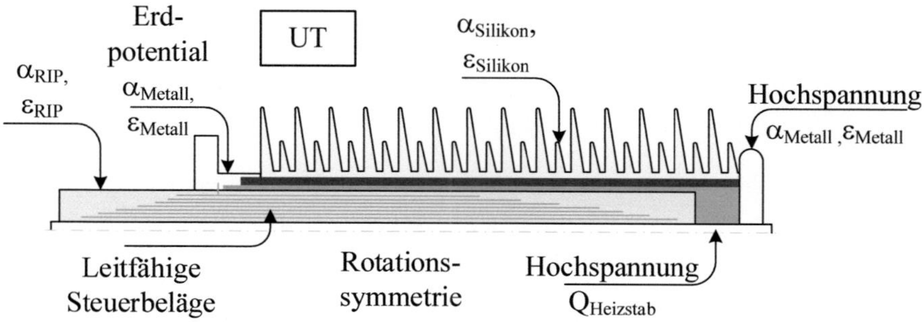

Bild 35: Thermische und elektrische Randbedingungen der Hochspannungsdurchführung im Simulationsmodell

6.2.4 Erweiterung der physikalischen Beschreibung

Die Umsetzung der Differentialgleichungen für die Beschreibung der langsamen Polarisationsmechanismen erfolgt in COMSOL Multiphysics durch die Definition von zusätzlichen partiellen Differentialgleichungen (PDEs) zum Standardmodul „Electric Currents“ (Bild 36).

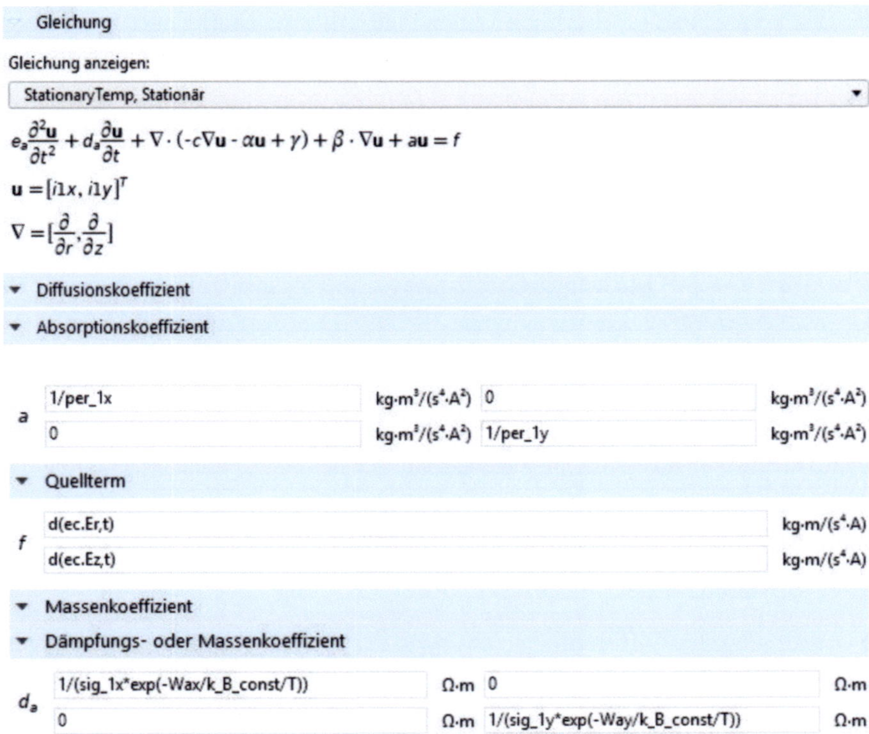

Bild 36: Screenshot der Eingabe einer partiellen Differentialgleichung zur Definition eines zusätzlichen langsamen Polarisationsmechanismus am Beispiel der Zeitkonstante τ_1

In Bild 36 wird mit dem Absorptionskoeffizienten die Hilfsvariable ε_k berücksichtigt. Der Parameter ε_1 des ersten *RC*-Gliedes von RIP wird durch den radialen Parameter „per_1x" bzw. axialen Parameter „per_1y" beschrieben. Im Dämpfungs- oder auch Massenkoeffizienten wird $\kappa_k(T)$ bzw. hier $\kappa_1(T)$ in radialer und axialer Richtung mit der Arrhenius-Gleichung berechnet. „Wax" bzw. „Way" sind die RIP Aktivierungsenergien in radialer und axialer Richtung. „sig_1x" steht für κ_{1_ref} in radialer, „sig_1y" für κ_{1_ref} in axialer Richtung des ersten *RC*-Gliedes. Die Temperatur „*T*" wird direkt aus der thermischen Simulation für jeden relevanten FEM-Knoten übernommen. Der Quellterm entspricht dem Gradient des elektrischen Feldes in radialer oder axialer Richtung. Die Parameternamen können frei gewählt werden, jedoch sind einige Abkürzungen geschützt. Z. B ist „k_B_const" mit der Boltzmann-Konstante belegt. Die Werte der Parameter können vorab u. a. mittels einer Textdatei definiert werden. Die hiermit definierte Differentialgleichung wird nach den

Stromdichten „i1x“ bzw. „i1y“ gelöst. Für jedes *RC*-Glied muss ein PDE-Modul definiert und eine Stromdichte berechnet werden. Die PDE-Module lösen die Gleichung (63).

$$\frac{\partial \boldsymbol{E}(t)}{\partial t} = \frac{1}{\kappa_k}\frac{\partial \boldsymbol{J}_k(t)}{\partial t} + \frac{\boldsymbol{J}_k(t)}{\varepsilon_k} \tag{63}$$

Die im PDE-Modul berechneten Polarisationsstromdichten (z. B. „i1x“ radial und „i1y“ axial) werden aufsummiert und zu den bereits standardmäßig berechneten Leitungs- und Verschiebungsströmen als sogenannte „externe Stromdichte“ addiert (Bild 37).

Bild 37: Summe der langsamen Polarisationsströme im Isolierstoff RIP

Die abgebildeten Stromdichtegleichungen in Bild 37 für die radiale und axiale Richtung entsprechen der Gleichung (64).

$$\boldsymbol{J}_{\mathrm{P}}(t) = \sum_{k=1}^{n} \boldsymbol{J}_k(t) \tag{64}$$

Für jeden Polarisationsmechanismus bzw. für jedes *RC*-Glied eines Isolierstoffes muss die Differentialgleichung für das Vektorfeld $\boldsymbol{J}_k$ gelöst werden.

Durch die zusätzlichen Differentialgleichungen wird die Berechnungszeit von standardmäßig 10 Minuten bei einer Durchführung auf 4 h erhöht (RAM 256 GB; 2 Prozessoren Intel Xeon CPU E52650V3 @ 2,3 GHz).

6.2.5 Netz und Löser

Das Netz muss für die thermische Berechnung nicht auf mm genau aufgelöst werden, jedoch ist für die elektrischen Berechnungen im Bereich von großen Spannungsdifferenzen eine feine Vernetzung sinnvoll. In Bild 67 ist die Vernetzung des Aktivteils und der Durchführung dargestellt. Je nach Anwendungsfall und Untersuchungsinteresse kann das Netz gröber gestaltet werden. Beim Aktivteil besteht das Netz aus 41745 und in der Durchführung aus 60053 Dreieckselementen. Da in einer ganzheitlichen Ansicht (siehe Bild 67 im Anhang) das Netz schwer erkennbar ist, verdeutlicht Bild 38 mit einer Detailansicht auf der Höhe des Flansches der Durchführung die Feinheit der Vernetzung.

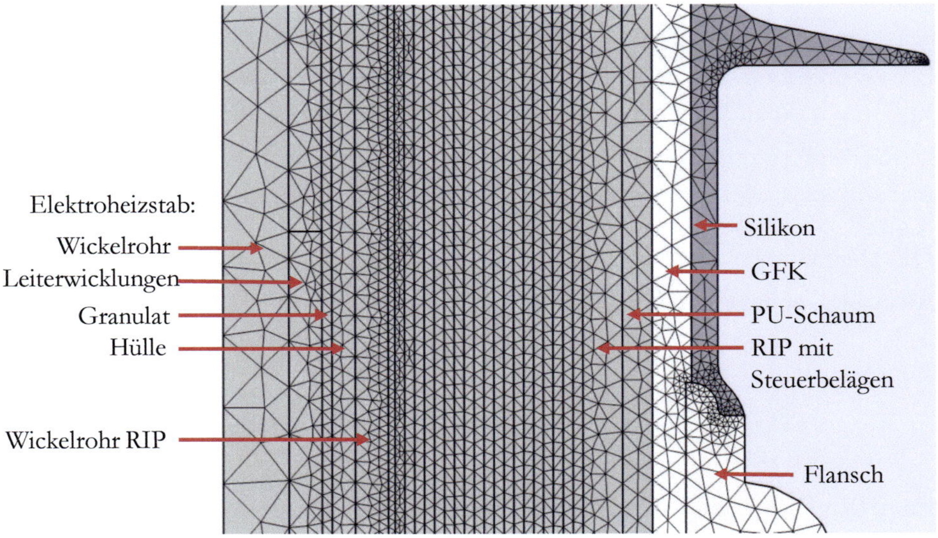

Bild 38: Detailansicht des Netzes der Durchführung

Im Falle von COMSOL Multiphysics fällt die Wahl des Solvers auf bereits implementierte direkte Verfahren. Sowohl mit dem Löser MUMPS als auch PARADISO lassen sich die Differentialgleichungen zielführend lösen. Beide haben im Vergleich zu den iterativen Lösern den Vorteil, dass sie leicht zu bedienen und robust sind. Ihr Speicherbedarf ist im Vergleich jedoch sehr hoch. Das Prinzip beruht auf der Gauß-Elimination (LU-Faktorisierung). Gekoppelte Nichtlinearitäten z. B. die Wärmestrahlung werden durch das Newton-Verfahren approximiert. Sobald das Konvergenz-Kriterium erreicht ist, bricht das Verfahren ab. Ein Rechner mit einer RAM 256 GB und 2 Prozessoren Intel Xeon

CPU E52650V3 @ 2,3 GHz benötigt für eine Polaritätsumkehrberechnung ca. 4 h.

6.3 Versuchsaufbau

Der „Versuchsaufbau" der Materialprobe ist der bekannte PDC-Aufbau (Abschnitt 5.2, Bild 14) und wird hier nicht weiter erläutert. Die Messungen an den Durchführungs- und Aktivteilprüflingen finden in zwei unterschiedlichen Versuchsaufbauten statt. Messtechnisch wird anfangs jeweils die Temperaturverteilung am Prüfling zur Temperaturmessung und anschließend die dazugehörige Potentialverteilung am Prüfling zur Spannungsmessung aufgenommen. Der Versuchsaufbau 1 wird für die Messung von Aktivteilen, der Versuchsaufbau 2 für die Messung von Durchführungen genutzt. Es wird im Abschnitt 6.3.1 und 6.3.2 detaillierter auf die Versuchsaufbauten für die Messobjekte Aktivteil und Durchführung eingegangen.

6.3.1 Versuchsaufbau 1 Aktivteil

Der Versuchsaufbau zur Temperatur- und Potentialmessung im Aktivteil findet in einer Klimakammer statt. Diese kann bis zu maximalen Temperaturen von 50 °C beheizt werden. Die Umgebungstemperatur und Luftfeuchtigkeit werden während der Messung aufgezeichnet. Der Prüfling wird über zwei Schellen und einem elektrisch isolierenden Seil an der Decke abgehängt, Bild 39. Im Leiterrohr des Aktivteils ist der Elektroheizstab (siehe Bild 33) auf eine definierte Position eingebracht. Die Simulation kann durch die gemessenen Temperaturdaten überprüft werden. Damit können die thermischen Randbedingungen und Materialparameter bestätigt werden.

Bild 39: Bilder der Temperaturmessung am Aktivteilprüfling im Versuchsaufbau 1

Elektrisch wird am Aktivteil ein Polaritätswechsel bei homogener Temperaturverteilung untersucht. Die Potentiale werden mittels drei Rotationsvoltmeter aufgenommen (siehe Bild 40).

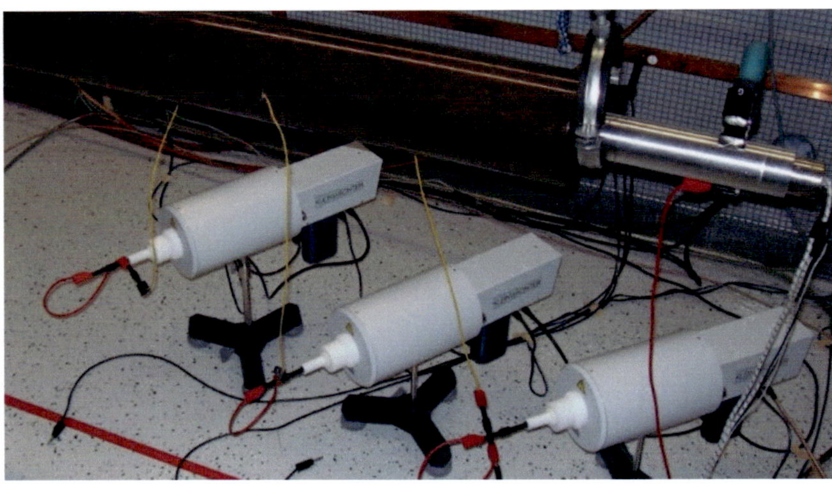

Bild 40: Bild der drei Rotationsvoltmeter zur Messung der Potentiale an den ausgeführten Steuerbelägen im Aktivteil

6.3.2 Versuchsaufbau 2 Durchführung

Der Versuchsaufbau nach [Heß17] dient der Messung von Potential- und Temperaturverteilungen in Durchführungen abhängig von einem variablen Wärmeeintrag im Leiterinneren. Der schematische Versuchsaufbau ist in Bild 41 dargestellt.

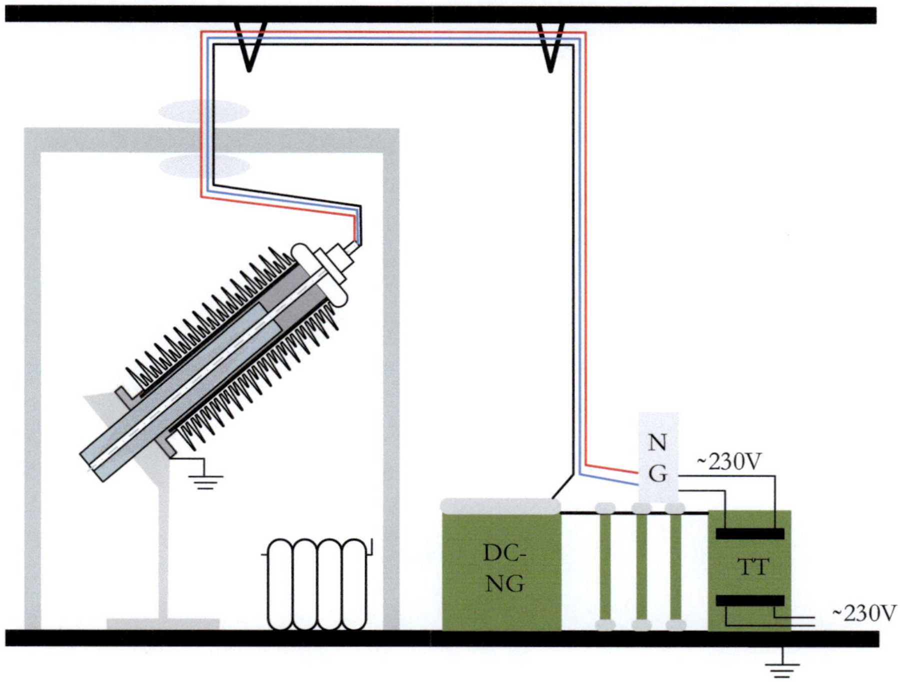

Bild 41: Schematische Darstellung des Versuchsaufbaus der Durchführung nach [Heß17]

Der Wärmeintrag zur Nachbildung von Stromwärme wird mittels Elektroheizstab im Inneren der Durchführung erzeugt. Die Spannungsversorgung (NG) erfolgt über einen Trenntransformator (TT), sodass zeitgleich eine Hochspannung vom Gleichstrom-Netzgerät (DC-NG) am Leiterrohr anliegen kann.

Um eine gleichmäßige und reproduzierbare Umgebungstemperatur während der Messung zu erhalten, wird mittels eines Ofens eine Solltemperatur eingestellt.

Als Umhausung dienen variabel stapelbare, elektrisch und thermisch isolierende Zellpolyethylen Platten (1 m x 1 m x 10 cm). Diese sind über Teflonstäbe miteinander verbunden. Die Stoßflächen der Platten sind mit dünneren 1 cm starken Platten bedeckt.

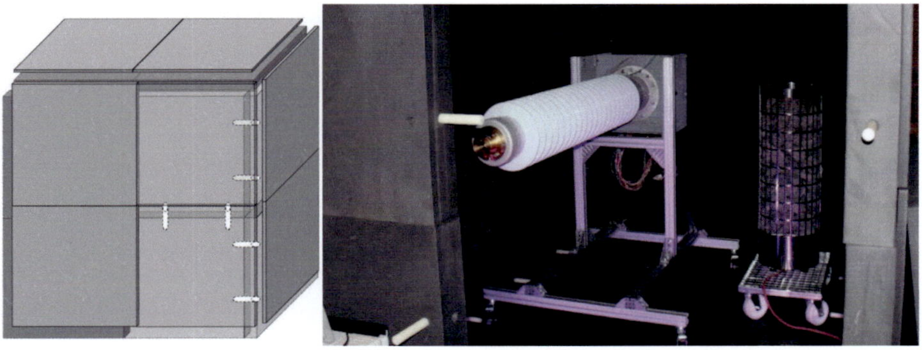

Bild 42: Schematische Darstellung der Umhausung des Versuchsstandes (links) [Heß17, S. 47] und Bild des Versuchsstandes (rechts)

Die Halterung der Durchführung ist aus Aluminiumprofilen hergestellt und kann Winkel von 0° waagrecht bis zu 90° senkrecht annehmen. Das Gestell ist in den Messungen geerdet und stellt damit die Transformatorwand dar.

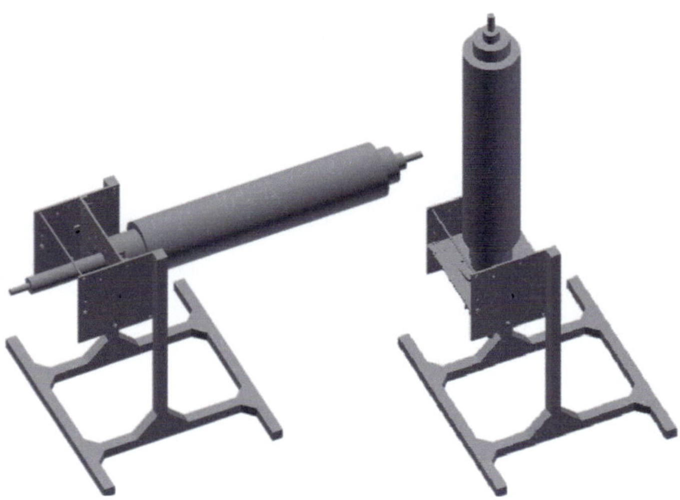

Bild 43: Darstellung der Durchführungshalterung [Heß17, S. 56]

Das Hochspannungspotential wird über die Decke des Versuchsstandes zugeleitet. Zwei Schirmtoroide dienen zur Vergleichmäßigung des elektrischen Feldes in der Deckenplatte. Das Material und die Deckendurchführung wurden vorab mittels TE-Messungen und PDC-Messungen charakterisiert. Der Werkstoff Zellpolyethylen hat eine elektrische Leitfähigkeit von 51,5 10^{-18} S/m [Heß17, S.38].

6.4 Simulation und Messung

Im ersten Schritt wird die Simulation einer 2 mm starken 160x160 mm Materialprobe von RIP verifiziert. Anschließend werden die Aktivteile thermisch-elektrisch untersucht. Abschließend findet ein Vergleich von Messung und Simulation an Durchführungsprüflingen statt.

6.4.1 Simulation und Messung an der Materialprobe

Für einen ersten Vergleich zwischen PDC-Messung (Bild 14) und Simulation wird die 2 mm starke RIP-Materialprobe ausgewählt. Die Materialprobe wird rotationssymmetrisch simuliert, Bild 44. Dabei wird nur die wirksame Elektrodenfläche betrachtet.

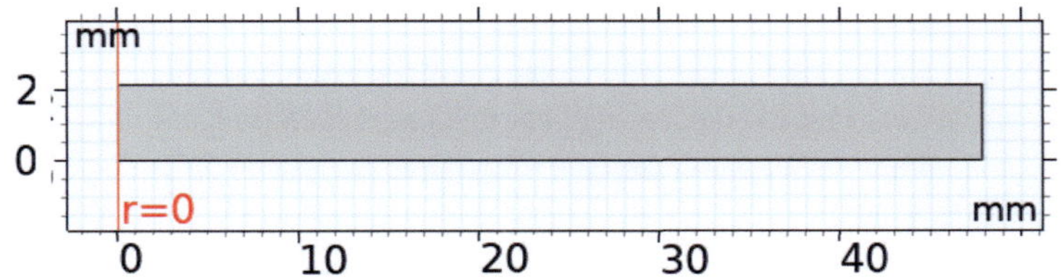

Bild 44: Geometrie der Materialprobe in FEM

An der oberen Kante wird die Prüfspannung angelegt und unten der Messanschluss bzw. die geerdete Elektrode. Im Material wird als zusätzlicher Stromdichte-Term J_P gelöst. Für die Temperaturen von 30 °C wird die strichlierte Kurve in Bild 45 ermittelt. Die simulierte Kurve stimmt mit der Messung (durchgezogene Linie) gut überein. Aufgrund der Übereinstimmung von Messung und Simulation ist das Modell von einer Materialprobe verifiziert. Die Materialprobe bestand in diesem Fall ausschließlich aus RIP.

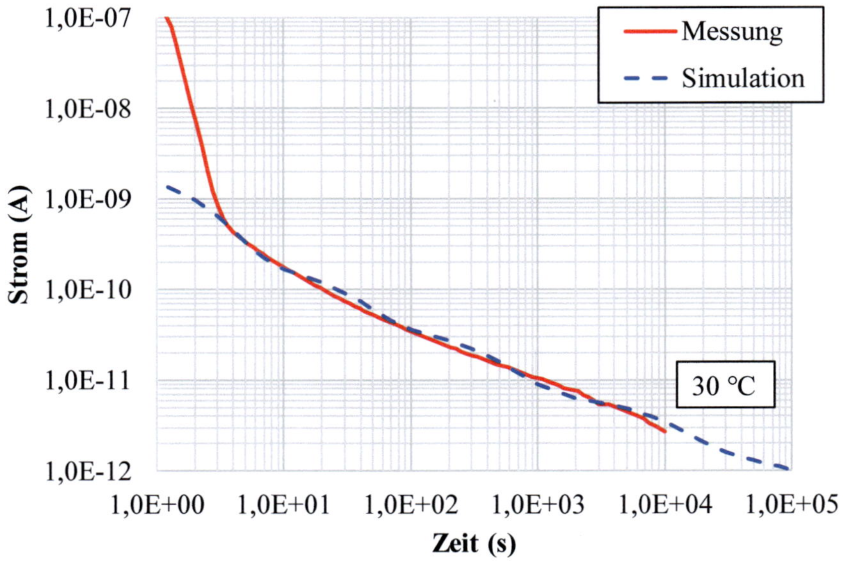

Bild 45: Vergleich von einer PDC Messung bei 30 °C an einer RIP Probe in radialer Richtung (rot, durchgezogen) mit der FEM-Simulation (blau, strichliert) (6 *RC*-Glieder)

Im nächsten Schritt wird ein Aktivteil aus RIP und leitfähigen Steuerbelägen hinsichtlich Temperatur- und Potentialverteilungen untersucht und verifiziert.

6.4.2 Simulationen und Messungen am Aktivteil

An den Aktivteilen kann neben den elektrischen Messungen von Potential und Strom auch das thermische Verhalten untersucht werden. Dies wird genutzt, um die angenommenen Randbedingungen sowie Materialparameter zu bestätigen. Die Temperaturmessung wird in der Klimakammer bei 23,5 °C durchgeführt (Versuchsaufbau in Bild 39). Die in Bild 46 dargestellte stationäre Temperaturverteilung ist durch eine mehrstündige Heizleistung von 70 W im Elektroheizstab entstanden. Dadurch erreicht der Prüfling eine stationäre maximale Temperatur von ca. 66 °C.

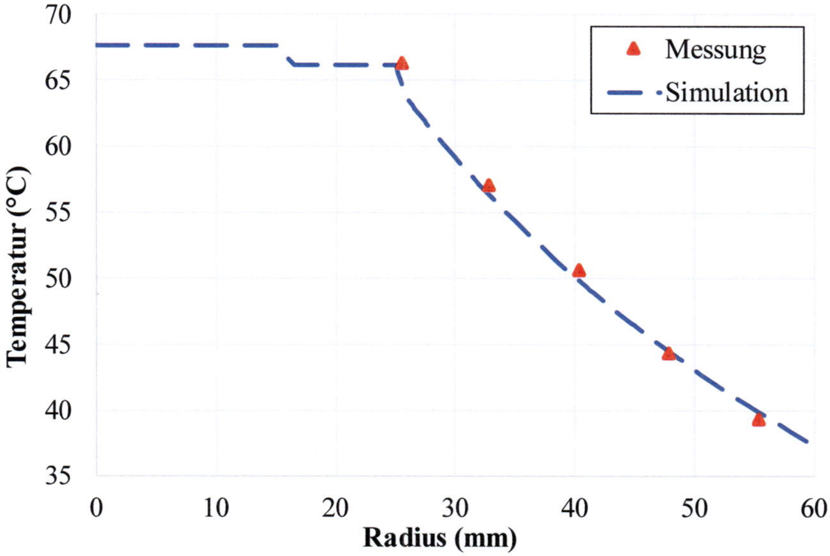

Bild 46: Gemessene (rot, Dreieck) und simulierte (blau, strichliert) stationäre Temperaturverteilung auf der Höhe H1 im Aktivteil (siehe Bild 17) bei einem Wärmeeintrag von 70 W und einer Umgebungstemperatur von 23,5 °C

In Bild 46 ist vom Radius 0 mm bis 25 mm der simulierte Temperaturverlauf im Elektroheizstab abgebildet. Bei 15 mm Radius ist ein größerer Temperaturgradient sichtbar, da dort die Wärmeleitfähigkeit vom Granaloxpulver (0,45 W/m/K) niedriger ist als die vom umgebenden Aluminium (235 W/m/K) (siehe Aufbau des Elektroheizstabes im Abschnitt 6.2.3.1b). Die Simulation des Temperaturverlaufs im Dielektrikum RIP (27 mm-60 mm) kann die Messung sehr gut abbilden. Es wurden weitere Messreihen und Simulationen bei 90 W, 105 W und 130 W durchgeführt, um die Methodik zu verifizieren. Dabei ergaben sich ähnlich gute Ergebnisse. Die Wärmeleitfähigkeiten sowie Randbedingungen (u. a. Wärmeübergangskoeffizienten) wurden damit bestätigt.

In Bild 47 ist ein gemessener und simulierter transienter Temperaturverlauf dargestellt, bei dem das Aktivteil von Raumtemperatur über 950 Minuten konstant mit 70 W Wärmeeintrag auf die maximalen 66 °C erwärmt und anschließend abgekühlt wird.

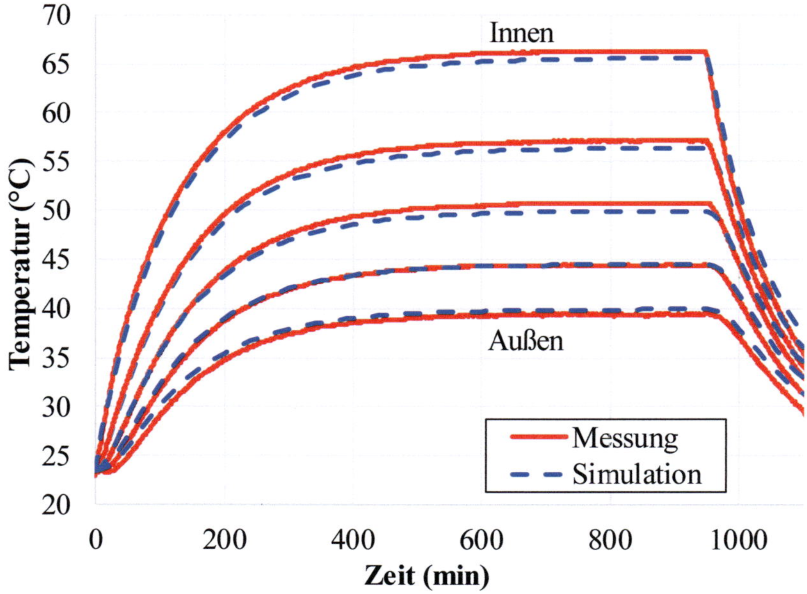

Bild 47: Simulierter (blau, strichliert) und gemessener (rot, durchgezogen) transienter Temperaturverlauf des Aktivteils auf der Höhe H1 bei einem Heizvorgang mit 70 W von 0 bis 950 Minuten und anschließenden Abkühlvorgang

Über die erfolgreiche messtechnische Verifizierung der Simulation des transienten Temperaturverlaufs in Bild 47, können Materialparameter wie die spezifische Wärmekapazität und Dichte bestätigt werden.

Nach der Verifikation der Temperaturen werden die Potentialverläufe näher untersucht. In Bild 48 sind diese bei einer konstanten Umgebungstemperatur von 33 °C dargestellt. Es wird eine Spannung von 10 kV am Prüfling angelegt und diese nach ca. 1 h auf -10 kV umgepolt. Nach einer weiteren Stunde erfolgte eine zweite positive Phase mit 10 kV.

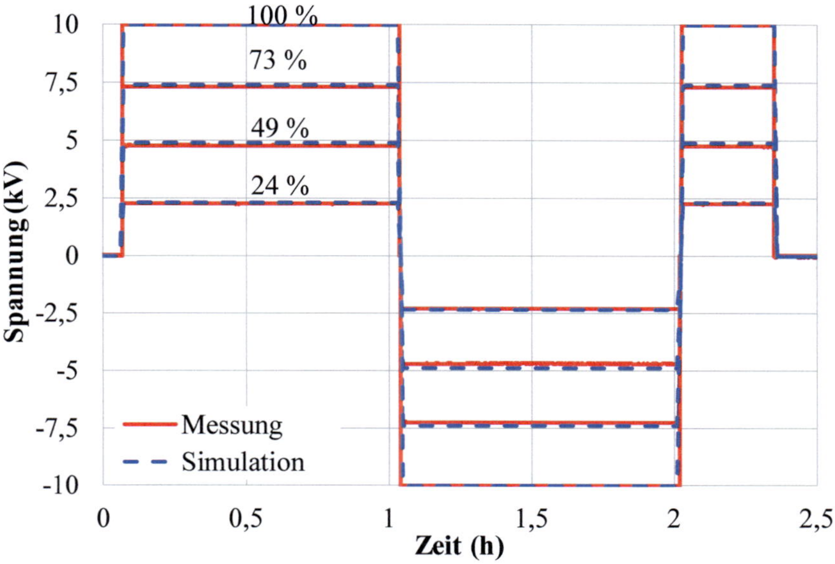

Bild 48: Gemessener (rot, durchgezogen) und simulierter (blau, strichliert) elektrischer Spannungsverlauf während des Polaritätswechsels bei homogener Temperaturverteilung im Aktivteil

Die kapazitive Feldverteilung abhängig von den Dielektrizitätszahlen ist identisch zur resistiven Feldverteilung abhängig von den elektrischen Leitfähigkeiten, da die Temperatur im Aktivteil homogen ist. Es finden keine Spannungsverschiebung im transienten Übergang statt. Die Simulation entspricht der Messung und ist damit verifiziert. Temperaturgradienten und ihr Einfluss auf die Potentialverteilung werden im Abschnitt 6.4.3 anhand der Durchführungsmessungen untersucht.

6.4.3 Simulationen und Messungen an der Durchführung

Materialkennwerte (z. B. spezifische Wärmekapazität und Wärmeleitfähigkeit der Nebenisolation) werden zunächst über stationäre und transiente Temperaturmessungen überprüft. Die Temperatursensoren wurden mit einer Auflösung von 0,1 K und einer Genauigkeit von ±0,05 K ±0,05 % vom Messwert mit einem Datenlogger aufgenommen. Die gemessene und simulierte stationäre Temperaturverteilung ist in Bild 49 dargestellt, und verifiziert die angenommenen Wärmeleitfähigkeiten und Randbedingungen.

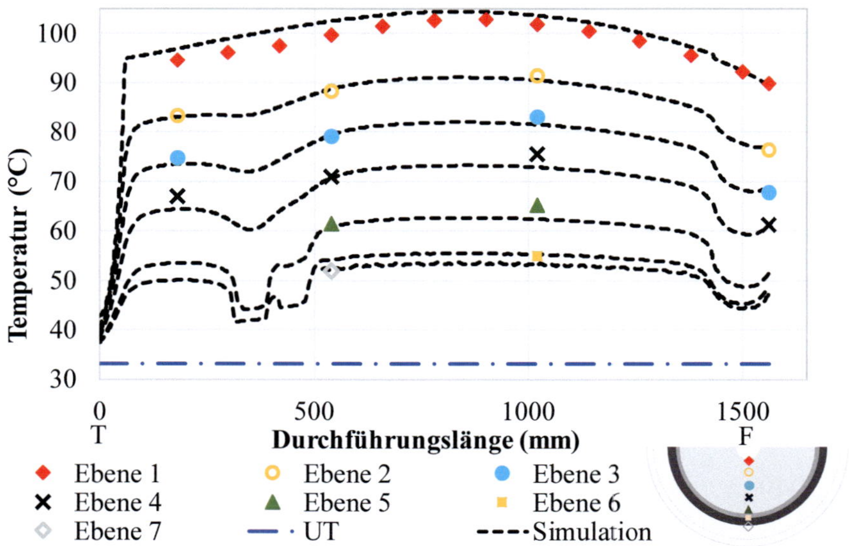

Bild 49: Gemessene (farbig, Symbol) und simulierte (schwarz, strichliert) stationäre Temperaturverteilung innerhalb der Durchführung bei 130 W Verlusten; T=Transformatorseite, F=Freiluftseite

Die Temperaturen auf den verschiedenen Ebenen werden über die Höhen 1 bis 13 dargestellt. Höhe 1 (1560 mm) befindet sich auf der Freiluftseite F und Höhe 13 (180 mm) auf der Transformatorseite T. Im Temperaturverlauf über die Länge der Durchführung ist der Einfluss des metallischen Flanschs (300 -540 mm) und des Kopfs (ab 1560 mm) deutlich erkennbar. Das thermisch leitfähige Metall kühlt die Durchführung zusätzlich.

Nachdem in Bild 49 die stationäre Simulation verifiziert werden konnte, wird der transiente Temperaturverlauf über die Höhen 1 bis 13 genauer betrachtet. Dabei wird ein konstanter Verlust von 130 W in das Leiterrohr eingebracht und die Durchführung erwärmt sich. Über ca. 25 h wird die Durchführung beheizt und anschließend kühlt sie wieder ab. Der zeitliche Verlauf der Temperaturen ergibt die transiente Temperaturverteilung (Bild 50)

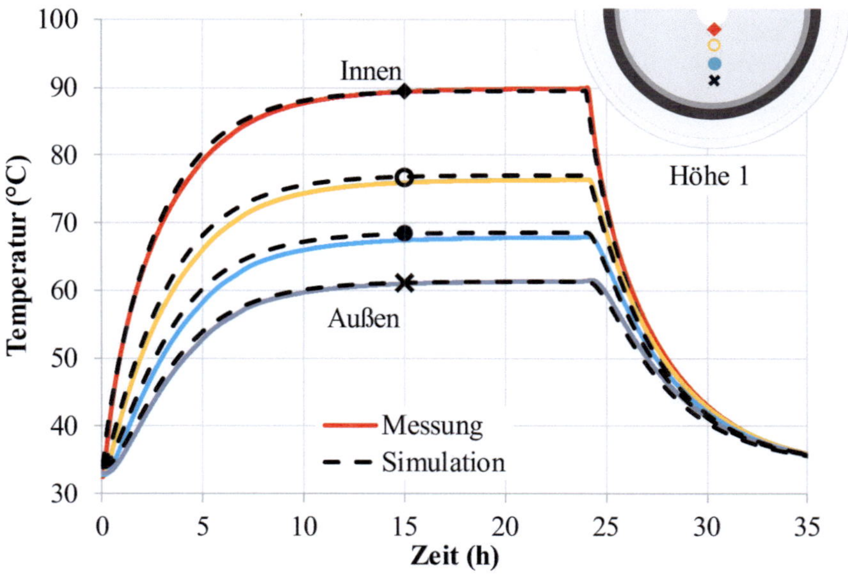

Bild 50: Gemessene (farbig, durchgezogen) und simulierte (schwarz, strichliert) transiente Temperaturverteilung auf der Höhe H1 innerhalb der Durchführung bei einem konstanten Wärmeeintrag in der Zeitspanne 0 h bis 24,5 h von 130 W

Beispielhaft wird in Bild 50 ein Vergleich der Temperaturverläufe in der Simulation und in der Messung auf der Höhe 1 herangezogen. Die Deckungsgleichheit von Simulation und Messung ermöglicht die Verifikation der thermischen Materialparameter wie spezifische Wärmekapazität und der gewählten Randbedingungen wie Wärmeübergangskoeffizienten. Mit den verifizierten thermischen Modellen können thermisch-elektrisch gekoppelte Betrachtungen an den baugleichen elektrischen Durchführungen durchgeführt werden.

Die Potentiale der Steuerbeläge 24 %, 49 % und 73 % werden mittels Rotationsvoltmeter mit einer Auflösung von 1 s aufgezeichnet. Bei der Verifikationsmessung wird die kritische Belastung der Polaritätsumkehr bei stationären Temperaturgradienten und konstanter Umgebungstemperatur von 33 °C untersucht. Als Spannungsbelastung werden 90 Minuten 10 kV, 90 Minuten -10 kV und 45 Minuten 10 kV gewählt, wie es einem Prüfzyklus nach DIN EN 62199 [IEC04] entspricht. Das stationäre Temperaturprofil wird mit Hilfe eines konstanten Wärmeeintrags von 130 W im Leiterrohr eingestellt [Wir15] [Wir17].

Bild 51 zeigt die mit der klassischen Standard-FEM simulierte und gemessene Potentialverteilung bei vorhandenem Temperaturgradienten (Bild 49) und einer Umgebungstemperatur von 33 °C.

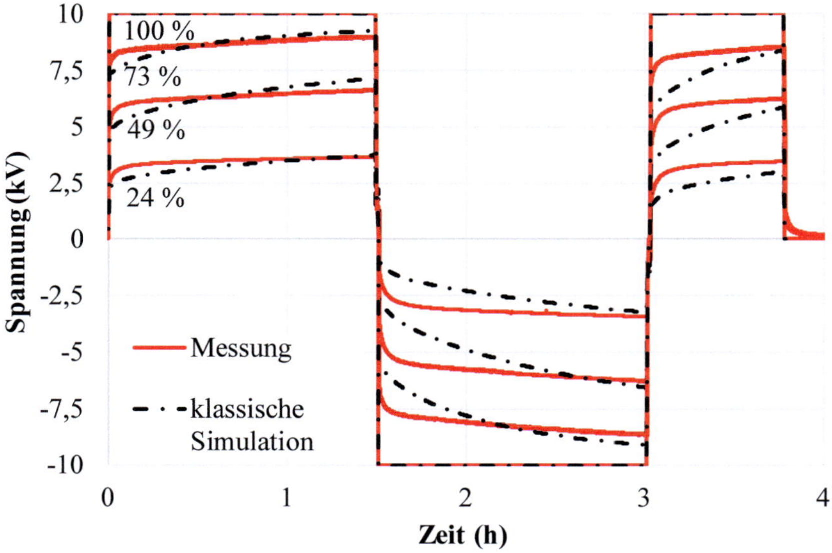

Bild 51: Klassische FEM-Simulation der Spannungsverläufe in der Durchführung (schwarz, strichpunktiert) bei Vernachlässigung von langsamen Polarisationsmechanismen im Vergleich mit einem gemessenen Umpolvorgang (rot, durchgezogen) bei vorhandenem Temperaturgradienten nach [Wir18b]

Durch die in Realität vorhandenen Polarisationsmechanismen verschieben sich die gemessenen Potentiale anfangs schneller, als bei der transienten simulativen Betrachtung mit ausschließlicher Berücksichtigung von κ_{∞} und ε_r.

Bild 52 zeigt im Vergleich zu Bild 51 die mit langsamen Polarisationsmechanismen simulierte und gemessene Potentialverteilung bei vorhandenem Temperaturgradienten (siehe Bild 49) und einer Umgebungstemperatur von 33 °C. Durch die Simulation mit Polarisationsmechanismen können die in Realität vorhandenen Vorgänge besser abgebildet werden.

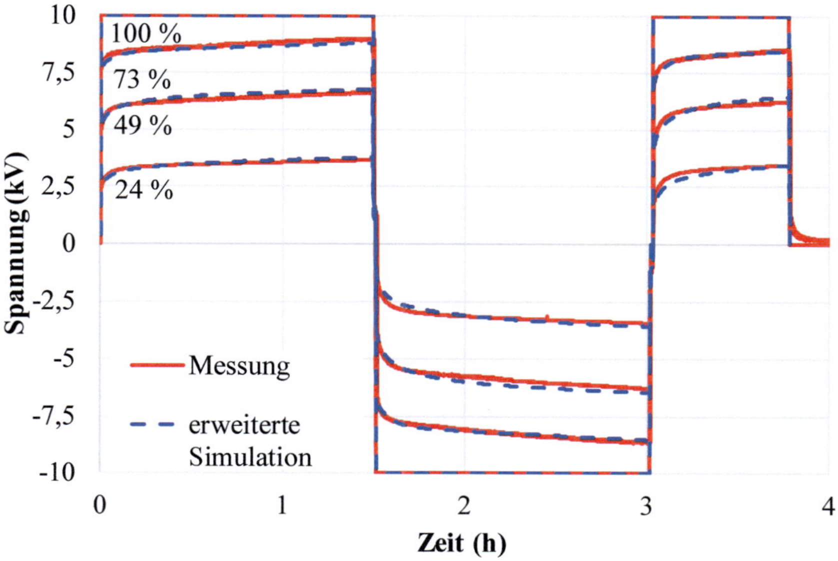

Bild 52: Verifikation der erweiterten FEM-Simulation vom Spannungsverlauf in der Durchführung (blau, strichliert) durch einen gemessenen Umpolvorgang (rot, durchgezogen) bei vorhandenem Temperaturgradienten (Bild 49) nach [Wir18b]

Die elektrischen Vorgänge im Isoliersystem der Hochspannungsdurchführung stellen sich folgendermaßen dar:

Bei dem sich anfänglich einstellenden dielektrischen Verschiebungsfeld, welches von der Dielektrizitätszahl ε abhängig ist (Ersatzmodell mit Kondensatoren), ist die Temperaturabhängigkeit vernachlässigbar. Im Übergangsvorgang mit Entladungs- und Umladungsvorgängen im Dielektrikum sind sowohl temperaturunabhängige Verschiebungsvorgänge als auch das temperaturabhängige elektrische Strömungsfeld sowie temperaturabhängige Polarisationseffekte von Bedeutung (Ersatzmodell mit Widerständen und Kapazitäten). Nach dem Übergangsvorgang stellt sich der stark temperaturabhängige stationäre Zustand entsprechend der elektrischen Leitfähigkeit der Dielektrika ein (Ersatzmodell aus Widerständen) [Küc17, S. 288 ff.].

Das bedeutet für den speziellen Fall, dass sich nach dem Sprung auf 10 kV eine kapazitive Feldverteilung entsprechend der im betrachteten Bereich praktisch nicht temperaturabhängigen relativen Permittivitäten ε_r ergibt. Die 73 %, 49 %- und 24 %-Steuerbeläge nehmen also die Potentiale 7,3 kV, 4,9 kV und 2,4 kV an.

Das Dielektrikum RIP erfährt eine weitgehend gleichmäßige Feldstärkebelastung. Anschließend verschieben sich die Potentiale im transienten Verlauf vom kapazitiven zum resistiven Feld. Nahe am Leiter, d. h. bei höheren Temperaturen, ist durch die hohe elektrische Leitfähigkeit ein kleiner Spannungsabfall vorhanden. Beispielsweise beträgt die Spannung zwischen dem 73 %-Belag und dem 100 %-Belag im Einschaltzeitpunkt 2,7 kV und im Vergleich nach 90 Minuten nur noch 1 kV. Im Außenbereich, bei niedrigeren Temperaturen und niedrigeren elektrischen Leitfähigkeiten, ist die transiente Feldstärkebelastung höher als im rein kapazitiven Feld. Bei der Polaritätsumkehr findet ein Spannungshub von -20 kV statt. Entsprechend erfolgt am 24 %-Belag ein absoluter Hub von 4,8 kV. Das 24 %-Potential mit ca. 3,8 kV vor der Umkehr, stellt sich nach der Polaritätsumkehr auf -1,2 kV ein, was ungefähr dem Sollspannungshub entspricht.

Die simulierte Potentialverteilung entspricht sehr gut den Messungen. Damit konnte die neue Methodik aus Abschnitt 4 und 5 am Beispiel der Hochspannungsdurchführung verifiziert werden.

In Bild 53 ist ein Vergleich zwischen Messung, klassischer FEM-Simulation bei Berücksichtigung von $\kappa_\infty(T)$ und ε_r, und der erweiterten Simulation mit zusätzlichen langsamen Polarisationsmechanismen dargestellt.

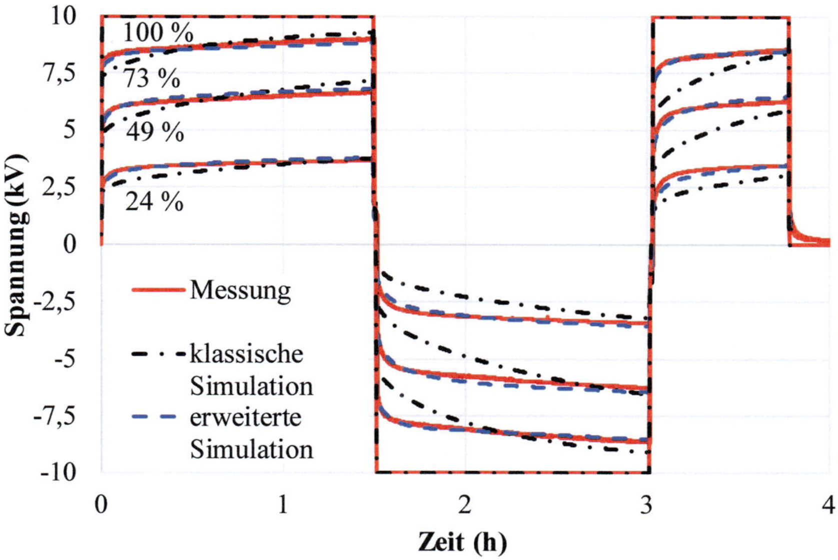

Bild 53: Vergleich der Spannungsverläufe aus der erweiterten neuen FEM-Simulation (blau, strichliert) mit den aus der klassischen FEM-Simulation (schwarz, strichpunktiert) sowie mit einem gemessenen Umpolvorgang (rot, durchgezogen) in der Durchführung bei vorhandenem Temperaturgradienten von 130 W (Bild 49)

Im Folgenden wird über einen längeren Zeitraum von vier Stunden die Prüfspannung von 10 kV an die Durchführung angelegt. Es liegen die identischen Randbedingungen mit einem Temperaturgradienten nach Bild 49 vor (Wärmeeintrag Elektroheizstab 130 W). Die Ergebnisse aus der Messung sowie der erweiterten und der klassischen FEM-Simulation sind in Bild 54 dargestellt.

Die ersten 1,5 h der Messung und Simulation in Bild 54 entsprechen näherungsweise dem Verlauf aus Bild 52. Es zeigt sich, dass nach vier Stunden noch kein stationärer Zustand erreicht wird. Die Simulation mit Berücksichtigung der Polarisationsmechanismen kann die Messung gut abbilden.

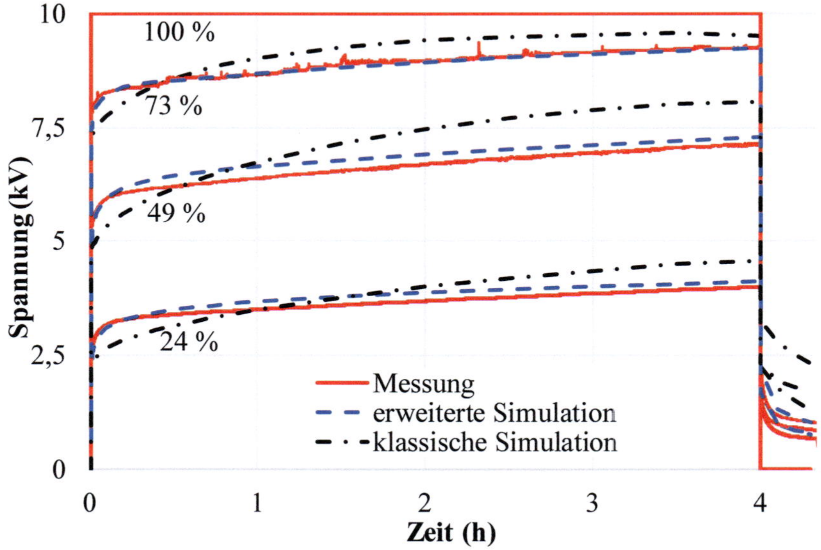

Bild 54: Gemessene (rot, durchgezogen) und simulierte Spannungsverläufe der Steuerbeläge (erweiterte FEM blau, strichliert und klassische FEM schwarz, strichpunktiert) bei einer Gleichspannungsbelastung von 10 kV und thermischen Verlusten von 130 W am Leiterrohr der 123 kV-Durchführung

In der klassischen Simulation verschieben sich die Potentiale anfangs langsamer und nach 0,5 h (73 %-Belag) bzw. 1,5 h (24 %-Belag) schneller als die tatsächlichen gemessenen Vorgänge. Die berücksichtigten Polarisationsmechanismen führen dazu, dass sich zusätzliche Ladungsträger im Material verschieben, was zu einer schnelleren anfänglichen Änderung des Potentials führt. Anschließend kommen jedoch die langen Zeitkonstanten der Polarisationsvorgänge zum Tragen, die den Übergangsvorgang verlangsamen. In Bild 54 gibt es daher einen Schnittpunkt der simulierten Spannungsverläufe mit und ohne Berücksichtigung von Polarisation.

Bild 55 und Bild 56 erklären zum besseres Verständnis symbolisch den Ladungsträgertransport und die Feldverschiebung aufgrund eines Temperaturgradienten in zwei bzw. drei Schritten: Spannungszuschaltung, stationärer Zustand und der transiente Übergang zwischen Zuschaltung und stationärem Zustand. Das Dielektrikum ist im Bild 55 in vier Bereiche unterteilt, dabei stellen die Trennlinien schematisch die Aluminiumbeläge dar. Im Bild 56 wird der mittlere Steuerbelag hinsichtlich des Einflusses der langsamen Polarisationsmechanismen (drei Zeitkonstanten) näher beleuchtet.

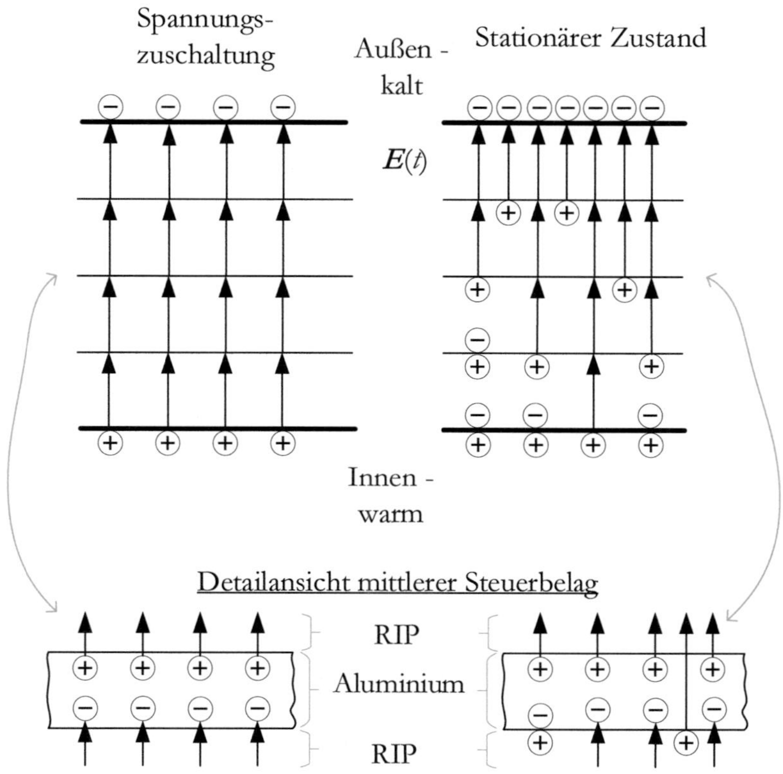

Bild 55: Schematische Darstellung des elektrischen Feldes im Dielektrikum im Einschalt- (links) und stationären (rechts) Zustand bei vorhandenem Temperaturgradienten

Bild 55 zeigt oben links das elektrische Feld direkt nach dem Zuschalten einer Spannung. Die Spannungen an den Aluminiumbelägen werden durch die Permittivitäten des Dielektrikums bestimmt. Auf den elektrisch leitfähigen Steuerbelägen richten sich die Ladungsträger entsprechend der anliegenden Spannung aus (siehe Bild 55 unten). Aufgrund der dielektrischen Verschiebung auf den Elektroden und den Steuerbelägen (siehe Bild 55 unten links) entsteht eine gleichmäßige Feldstärkebelastung in den vier durch die Steuerbeläge getrennten Bereichen. Die Gleichmäßigkeit wird in Bild 55 oben links durch die konstante Feldliniendichte in den vier Bereichen gekennzeichnet. Nach sehr langen Zeiten stellt sich eine stationäre Feldverteilung abhängig von den elektrischen Leitfähigkeiten ein (Bild 55, oben rechts). Da ein Temperaturgradient vorliegt ist die Feldliniendichte nicht mehr homogen, sondern in den kühleren Bereichen erhöht und in den wärmeren Bereichen erniedrigt. Auf den Steuerbelägen werden negative Ladungen durch positive Ladungsträger aus den elektrisch leitfähigeren, wärmeren Bereichen kompensiert (Bild 55, unten rechts). Zusätzliche positive Ladungsträger können das anschließende kühlere RIP stärker belasten.

Bild 56 verdeutlicht zusätzlich schematisch den transienten Übergang mit langsamen Polarisationsvorgängen vom Einschaltzustand zum stationären Zustand durch eine Detailansicht des mittleren Steuerbelages nach Bild 55.

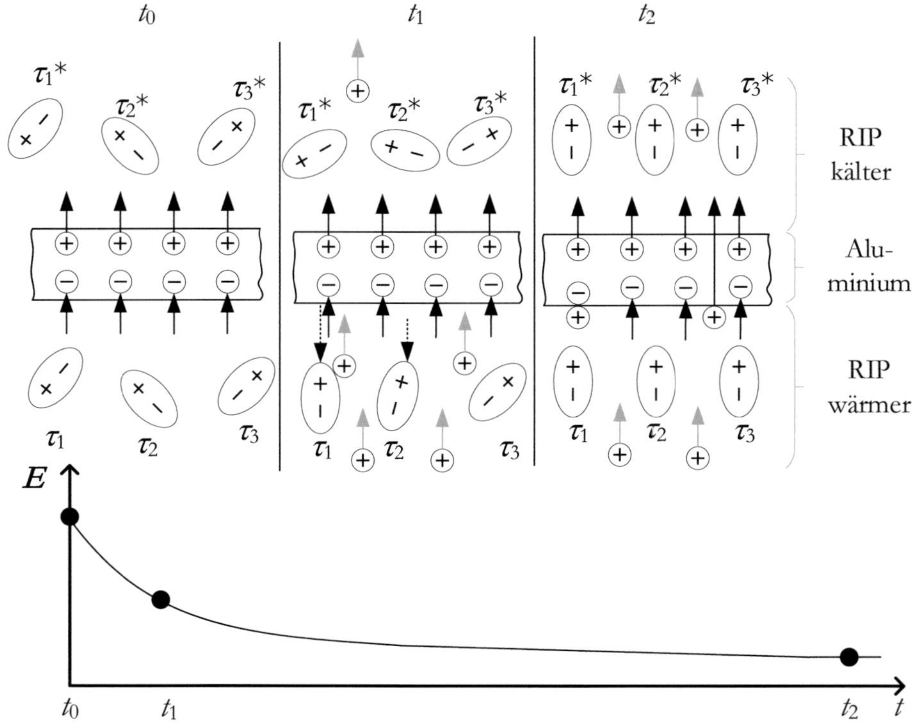

Bild 56: Schematische Darstellung der elektrischen Vorgänge im thermisch belasteten RIP Dielektrikum um den mittleren Aluminiumsteuerbelag zum Zeitpunkt der Spannungszuschaltung (t_0), im Übergangsvorgang (t_1) und im stationären Zustand (t_2)

Zum Zeitpunkt t_0 ist die Spannungsverteilung gleichmäßig, d. h. die Feldlinien im wärmeren und kühleren Dielektrikum (RIP) sind identisch. Die langsamen Polarisationsmechanismen, symbolisch dargestellt durch die Ausrichtung der Dipole, sind noch zufällig angeordnet und besitzen unterschiedliche Zeitkonstanten τ_k (Dielektrikum warm) bzw. τ_k* (Dielektrikum kalt). Anschließend führen sowohl langsame Polarisationsprozesse (Ausrichtung der Dipole) als auch der Leitungsstrom (Bewegungsrichtung positiver Ladungsträger durch grauen Pfeil) zu einer schnellen Potentialverschiebung auf den Steuerbelägen. Ohne die langsamen Polarisationsmechanismen würden sich die Potentiale anfangs langsamer verschieben. Die wärmeren Bereiche besitzen im Vergleich zu den kühleren Gebieten neben der höheren elektrischen Leitfähigkeit auch kürzere Zeitkonstanten τ_k. Das zeitliche Verhalten wird in Bild 56 symbolisch durch die Ausrichtung der Dipole gekennzeichnet. Z. B. sind im Bild unten die Dipole zum Zeitpunkt t_1 weiter ausgerichtet als die oberen Dipole mit *. Die unterschiedlichen Zeitkonstanten der langsamen Polarisationsprozesse sind graphisch durch die weiter ausgerichteten Dipole mit den Subskript 1 und den noch nicht ausgerichteten Dipolen mit den Subskript 3 gekennzeichnet. Die erhöhten Leitungsströme und die schneller abgeschlossenen langsamen Polarisationsmechanismen führen zu einer schnelleren Potentialverschiebung in den wärmeren Gebieten. Das elektrische Feld durch die langsame Polarisation (symbolisch dargestellt zum Zeitpunkt t_1 durch zwei strichliert schwarze Pfeile) wirkt dem von außen anliegenden elektrischen Feld entgegen. Das elektrische Feld der langsamen Polarisation führt zu einer Potentialverschiebung und bremst den Leitungsstrom und infolgedessen die Ladungsträgeransammlung an den Steuerbelägen aus. Durch den geringeren Spannungsabfall reduziert sich dort die elektrische Feldstärke und damit der Leitungsstrom. Die Potentiale verschieben sich nach dem Zeitpunkt t_1 langsamer. Zum einen nehmen die höheren und schneller abklingenden Ströme der langsamen Polarisationsmechanismen $I(\tau_1)$ anschließend ab und zum anderen verursachen die kürzeren Zeitkonstanten einen vergleichsweise geringeren und länger andauernden Stromfluss $I(\tau_1)>I(\tau_3)$. In den kühleren Bereiche fliesen länger andauernde geringere Ströme wie in den wärmeren $I(\tau_1)>I(\tau_1^*)$.

Hinweis: Nach dem Zeitpunkt t_1 findet der Schnittpunkt der Potentialkurven mit und ohne Berücksichtigung der Polarisation in Bild 54 statt.

Im stationären Zustand zum Zeitpunkt t_2 sind die Polarisationsprozesse (Bild 56 t_2 Ausrichtung Dipole) und alle Ladungsträgerverschiebungen (Bild 56 t_2: positive zusätzliche Ladungsträger) beendet. In den wärmeren Bereichen ist die elektrische Leitfähigkeit zwar erhöht jedoch ist die anliegende Spannung aufgrund der verschobenen positiven Ladungsträger niedriger. Es fließt ein konstanter Strom durch das gesamte Dielektrikum.

In weiterführenden Arbeiten zur Ladungsträgermessung mittels akustischer, thermischer oder optischer Methoden [Imb16] könnte der tatsächliche Verlauf der Ladungsträger im Dielektrikum überprüft werden. Dadurch wäre es möglich langsame Polarisationsprozesse in physikalisch mess- und belegbare zusammenhängende Zeitkonstanten zusammenzufassen. Die anfänglich schnellere Verschiebung der Ladungsträger könnte zur Erniedrigung der zu diesem Zeitpunkt vermuteten elektrischen Festigkeit führen. Generell sind die Berechnungsmethodik und die Herangehensweise auf alle möglichen Objekte mit linearen elektrischen Verhalten anzuwenden.

Messtechnisch ist es nur schwer möglich die stationären Zustände zu erreichen. Um dennoch Aussagen über die Dauer von Verschiebungsvorgängen und über notwendige Prüfzeiten treffen zu können, werden im Kapitel 7 beispielhaft mittels der in diesem Kapitel verifizierten Simulationsmethodik Untersuchungen vorgenommen.

7 Beispielhafte Anwendung der Methodik auf Prüf- und Belastungsszenarien

Kapitel 7 zeigt die Erkenntnisse und Konsequenzen aus Ergebnissen einer längeren Simulation auf, die mit Hilfe der mathematischen Beschreibung nach Kapitel 4 entstanden ist. Durch die erweiterte Simulation können langandauernde, schwierig messbare Prozesse theoretisch untersucht und Hinweise für die Prüfzeiten gewonnen werden. Die Möglichkeiten der Simulationsmethodik werden aufgezeigt, jedoch ist der dargestellte Fall nur als Beispiel anzusehen. Je nach betrachteten HGÜ-Komponenten, Temperaturgradienten und Materialparametern ändern sich die Potential- und Temperaturverläufe.

In Bild 57 wir der Spannungsverlauf einer Hochspannungsdurchführung dargestellt. Beispielhaft wird untersucht, wie sich die elektrischen Transienten bei stationären thermischen Belastungen über sehr lange Zeiten entwickeln. Es liegt wie in Abschnitt 6.4.3 ein Wärmeeintrag von 130 W im Inneren vor. Am Leiterrohr liegt eine Spannung von 123 kV an.

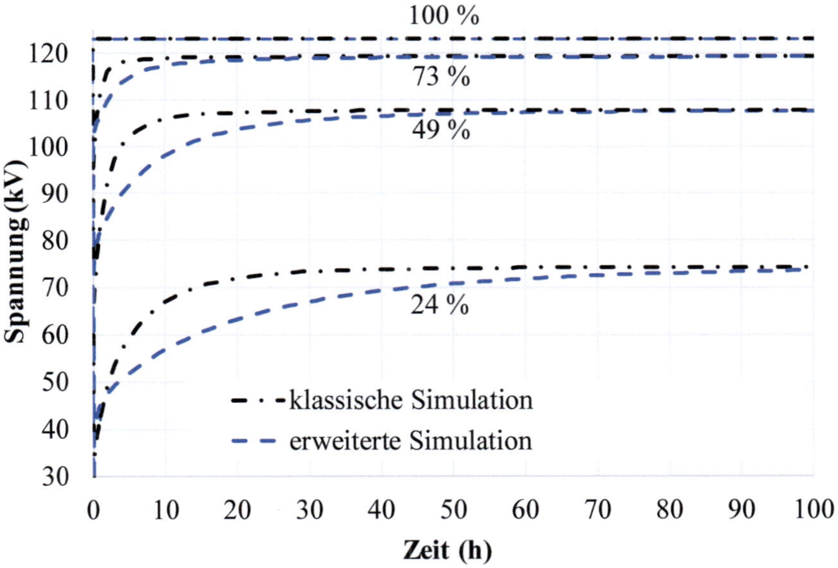

Bild 57: Simulierter Spannungsverlauf klassisch ohne (schwarz, strichpunktiert) und erweitert mit (blau, strichliert) Berücksichtigung von langsamen Polarisationsmechanismen in einer 123 kV-Durchführung bei einem vorliegenden Temperaturgradienten von 130 W und einer Spannung von 123 kV

Die anfangs kapazitive Feldverteilung mit den Potentialen der betrachteten Steuerbeläge von 90 kV, 60 kV und 30 kV verschiebt sich hin zur resistiven Feldverteilung mit den Potentialen 120 kV, 108 kV und 74 kV. Die klassische Simulation ohne Berücksichtigung von langsamen Polarisationsmechanismen erreicht den stationären Zustand schneller als die erweiterte Simulation. Dies ergibt sich durch die Vernachlässigung von längeren Zeitkonstanten der Polarisationsvorgänge in der klassischen Simulation. Des Weiteren erreicht der wärmere Kern der Durchführung früher den stationären Endwert (ca. 10 h) wie die äußeren Randbereiche (ca. 55 h).

Bei Berücksichtigung von Polarisationsmechanismen in der erweiterten Simulation werden längere Zeitkonstanten mit einbezogen. Die Gesamtzeitkonstante hängt von der längsten Zeitkonstante des betrachteten Materials ab. Das ist in diesem Fall RIP axial und radial. Bei 20 °C liegen die längsten Zeitkonstanten im Vergleich $\varepsilon/\kappa_\infty$ um Faktor 10 höher (siehe Anhang B). Mit höheren Temperaturen verkürzen sich diese, und die Polarisationsvorgänge sowie Potentialverschiebungen sind früher abgeschlossen (hier: innen ca. 40 h, außen ca. 95 h).

Diese Ergebnisse zu langen Belastungszeiten ergänzen die Messungen und Simulationen aus Abschnitt 6.4.3 Bild 54, die sich über 4 h erstrecken. Dort verschieben sich die Potentiale in der Simulation (und Messung) mit langsamen Polarisationsvorgängen anfangs schneller und nach Zeitkonstanten von ca. 1,5 h verlangsamt sich der Prozess. Die Polarisationsmechanismen führen im Ausgangszustand dazu, dass sich zusätzliche Ladungsträger im Material verschieben, was zu einer anfänglich schnelleren Änderung des Potentials führt. Dieser Vorgang verlangsamt sich jedoch nach ca. 1,5 h und der Leitungsstrom reduziert sich durch das verringerte elektrische Feld. Dies ist in Simulation aus Bild 57 ebenfalls der Fall, jedoch ist es bei einer Darstellung über 100 h optisch nicht mehr eindeutig erkennbar. Bild 58 zeigt daher in der logarithmischen Darstellung den Anfangsbereich deutlicher. Die wärmeren inneren Bereiche zeigen den Schnittpunkt der beiden simulierten Kurven früher als die kühleren Randbereiche. Die Zeitkonstanten der kühlen Gebiete sind größer, daher wird der Endwert später erreicht.

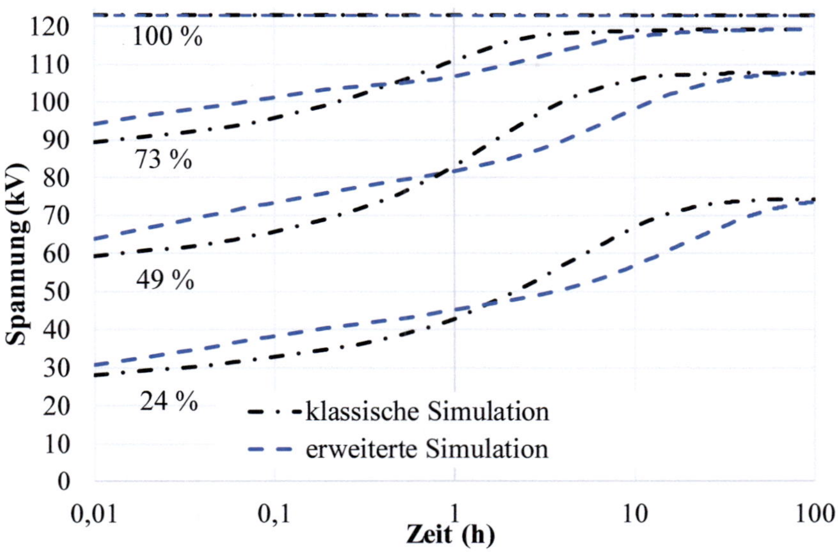

Bild 58: Logarithmische Darstellung des simulierten Spannungsverlaufs klassisch ohne (schwarz, strichpunktiert) und erweitert mit (blau, strichliert) Berücksichtigung von langsamen Polarisationsmechanismen in einer 123 kV-Durchführung bei einem vorliegenden Temperaturgradienten von 130 W und einer Spannung von 123 kV

Messtechnisch müssten für die oben angeführten Betrachtungen 100 h Untersuchungen durchgeführt werden. Mittels der Simulation wird nach 40 Minuten Berechnungszeit die Lösung gewonnen. Dadurch werden zeitaufwendige Messungen eingespart und die untersuchten Objekte können in der Simulation geometrisch und zeitlich feiner aufgelöst werden.

Weiterhin gilt für die Prüfzeiten, dass die Belastungszeiten bis zum Polaritätswechsel nach 1,5 h zu kritischen elektrischen Belastungen führen, die auf den schnellen anfänglichen Verschiebungsvorgängen beruhen. Ebenso stellen die Zeitpunkte der Polaritätswechsel kritische Momente dar. Jedoch ist der meist kritischere stationäre Zustand bei Temperaturgradienten bis dahin noch nicht erreicht. Es ist deshalb sinnvoll mit dem Mitteln der erweiterten Simulationsmethodik die Prüfspannungsbelastung mit den im Betrieb auftretenden Belastungen zu vergleichen.

Die Simulation ermöglicht Betrachtungen von Temperaturgradienten die in realen Testprozeduren schwierig umsetzbar sind. Eine simulative geometrisch und zeitlich sehr genaue Auflösung der Hochspannungskomponente lässt mehr Aussagen über kritische Belastungsfälle zu, als die zeitliche Auswertung vereinzelter Messpunkte an ausgewählten Prüfobjekten.

8 Zusammenfassung und Ausblick

Die weltweite Bedeutung der HGÜ-Technologie nimmt zu. Neue Methoden zur Auslegung der notwendigen Hochspannungskomponenten werden benötigt, um langsame und schnelle Polarisationsmechanismen sowie die elektrischen Felder nach langen Zeiten im Isoliersystem abzubilden.

Die elektrische Belastung wird nach langen Zeitspannen durch die stark temperaturabhängige elektrische Leitfähigkeit beschrieben. Bevor der Gleichgewichtszustand des stationären Strömungsfeldes ausgebildet ist, finden die benannten Polarisationsvorgänge statt. Diese sind wie die elektrische Leitfähigkeit von Umgebungseigenschaften wie der Temperatur beeinflusst.

Bisher werden die Polarisationsmechanismen in dielektrischen Werkstoffen mit linearem Polarisationsverhalten, das bei festen Isolierstoffen i. d. R. angenommen werden kann, durch *RC*-Netzwerke bzw. -Ersatzschaltbilder beschrieben. Sie eignen sich jedoch i. d. R. nicht zur Nachbildung von elektrischen Feldern in komplexen Isoliersystemen, da nur eine sehr grobe räumliche Diskretisierung möglich ist. Nur für eindimensionale sowie einfache zweidimensionale Darstellungen von Isoliersystemen können mit Ersatzschaltbildern elektrische Feld- und Stromverteilungen mit vertretbaren Aufwand realitätsnah nachgebildet werden.

Für dreidimensionale Betrachtungen müssen hingegen FEM-Simulationen mit einer feinen räumlichen Diskretisierung angewendet werden. Diese vernachlässigen üblicherweise aber die relevanten Polarisationsmechanismen mit großen Zeitkonstanten, sodass sich die transienten Verläufe nur unzureichend nachbilden lassen. Neuere Ansätze nutzen dielektrische Antwortfunktionen in Form des Potenzgesetzes nach Curie-von Schweidler um bei einem entsprechenden Materialverhalten eine indirekte und integrale Approximation des Polarisationsverhaltens über parameterabhängige Leitfähigkeiten in die FEM einzubringen.

Zur physikalischen Beschreibung von Dielektrika mit linearem Polarisationsverhalten durch die FEM werden in dieser Arbeit Differentialgleichungen für individuelle Polarisationsmechanismen nach dem Debye-Ansatz aufgestellt und direkt in die FEM-Modelle implementiert. Dadurch wird eine Möglichkeit aufgezeigt, auch in hochaufgelösten FEM-Simulationen die relevanten Polarisationsmechanismen individuell oder summarisch zu berücksichtigen. D. h. es werden nicht nur Verschiebungs- und Leitungsströme, sondern auch die zu berücksichtigenden Polarisationsströme, die gespeicherten Ladungen und die Depolarisationsströme in die örtliche und zeitliche Berechnung einbezogen. Dadurch wird die Präzision der FEM-Modelle ungemein erhöht und es können auch Depolarisations- und Umpolvorgänge berechnet werden. Dies macht die FEM-Simulation zu einem wesentlich verbesserten Werkzeug in der Auslegung von Isoliersystemen, insbesondere für die HGÜ-Anwendungen.

Mittels Messungen in einem Versuchstand an thermischen und elektrischen Versuchsdurchführungen konnte die erweiterte Modellbildung erfolgreich verifiziert werden. Dafür wurden mit Hilfe eines Elektroheizstabes Temperaturgradienten in Durchführungsmodellen und Durchführungen erzeugt und verschiedene elektrische Belastungsszenarien realisiert, bei denen die an unterschiedlichen Steuerbelägen anliegenden Potentiale weitgehend rückwirkungsfrei gemessen wurden.

Das standardmäßig implementiere klassische FEM-Simulationsmodell, d. h. ohne Berücksichtigung langsamer Polarisationsmechanismen, kann die elektrische Feldverteilung im transienten Übergang nicht richtig abbilden, da sich die Potentiale durch die fehlenden Polarisationsprozesse anfangs zu langsam und nach Zeitenkonstanten von ca. 1 h zu schnell verschieben. Das neue, um Differentialgleichungen zur Beschreibung von Polarisationsvorgängen erweiterte FEM-Simulationsmodell, kann demgegenüber die gemessenen Potentialverläufe in den betrachteten festen Isolierwerkstoffen sehr genau nachbilden.

D. h. mittels der beschriebenen kombinierten Methodik aus dielektrischen Materialmessungen (u. a. PDC-Messungen), dielektrischer Charakterisierung durch Materialfunktionen und Ergänzung zusätzlicher Polarisationsstromdichtetermen in der FEM-Simulation können Werkstoffe in HGÜ-Isoliersystemen mit linearem Polarisationsverhalten, wie es i. d. R. bei festen Isolierstoffen angenommen werden kann, materialphysikalisch korrekt simuliert werden.

Die eingangs gestellten Fragestellungen (siehe Kapitel 3) können damit folgendermaßen beantwortet werden:

Welche Simulationsmethoden gibt es für Hochspannungsisoliersysteme mit linearem Polarisationsverhalten?

Mit Hilfe von Netzwerkelementen ist es möglich, eine einfache Geometrie aus Dielektrika mit linearem Polarisationsverhalten physikalisch korrekt abzubilden. Jedoch ist eine Verfeinerung der Geometrie (Diskretisierung) kaum möglich. Die Methodik ist zeitaufwendig und durch eine verbesserte Diskretisierung bzw. eine zusätzliche Verkleinerung der Elemente schnell unübersichtlich und dadurch fehleranfällig.

Die FEM bietet dagegen sehr gute und schnelle Diskretisierungsmöglichkeiten, welche bereits in den kommerziell verfügbaren Programmen vorhanden sind. Vereinfachte Materialeigenschaften und komplexe Geometrien sind je nach Programm schnell definiert und implementiert. Jedoch fehlte bislang die physikalisch begründete Einbeziehung langsamer und individueller Polarisationsprozesse, die in einem Netzwerkmodell durch die *RC*-Glieder beschrieben werden können.

Gelingt es, die Vorteile beider Varianten zu kombinieren?

Mit dieser Arbeit wird eine Lösungsvariante vorgestellt, welche die langsamen Polarisationsmechanismen mittels Differentialgleichungen einzeln oder summiert abbildet. Diese Gleichungen sind durch die charakteristischen Eigenschaften der vorliegenden Materialien, elektrische Leitfähigkeit, Permittivität und Polarisationsmechanismen bestimmt. Durch direkte Implementierung der Differentialgleichungen können analog zu den Netzwerkmodellen Isoliersysteme mit den Vorteilen der FEM in einer kommerziell verfügbaren Software berechnet werden.

Wie wirken sich thermisch-elektrische Ausgleichsvorgänge auf die Isoliersysteme aus und ist es möglich die gekoppelten Vorgänge zu berechnen?

Gerade bei thermischen Gradienten im Isoliersystem kommt es bei Gleichspannungsanwendungen zu Feldverzerrungen bzw. zu räumlich-zeitlichen Feldverschiebungen. Dies konnte sowohl durch Messungen als auch durch Simulationen für Durchführungen quantitativ überprüft werden.

Der in dieser Arbeit verwendete Ansatz erlaubt es auch, die Materialeigenschaften Polarisation und stationäre elektrische Leitfähigkeit mittels des Arrhenius-Ansatzes temperaturabhängig zu beschreiben. Dadurch können thermisch-elektrisch gekoppelte Feldprobleme auch unter Berücksichtigung von Polarisationsmechanismen dargestellt werden. Weitere Abhängigkeiten z. B. bzgl. der elektrischen Feldstärke können optional mit betrachtet und ergänzt werden. In der Dissertation wurde der Fokus auf die gekoppelten thermisch-elektrischen Einflüsse gelegt. Dabei konnten die grundsätzlich temperaturabhängigen Feldverschiebungen durch Simulationen quantitativ abgebildet und in Messungen bestätigt werden.

Die elektrischen Transienten aufgrund von Temperaturgradienten wurden bei Gleichspannungsbelastung an einer Durchführung untersucht. Nach 4 h wurde der stationäre Zustand noch nicht erreicht. Eine längere Simulation zeigt, dass der Prozess der Verschiebung von Steuerbelagspotentialen in Durchführungen sehr viel länger andauern kann.

Thermisch-elektrische Ausgleichsvorgänge führen bei HGÜ-Belastung zu kritischen elektrischen Feldverteilungen. Durch die vorgestellte Erweiterung der FEM-Modelle ist es nun möglich die kritischen Zustände detailliert zu untersuchen und die HGÜ-Isoliersysteme u. a. auch für Anwendungen mit Temperatureinflüssen zu optimieren.

Welche Schlüsse lassen sich durch Anwendung der Methodik auf Prüf- und Belastungsszenarien ziehen?

Die erweiterten Simulationen und die Messungen zeigen, dass die Feldverschiebungen, die sich in der Verschiebung der Steuerbelagspotentiale in Durchführungen aufgrund von Temperaturgradienten äußern, nach Anlegen einer Gleichspannung zunächst schneller ablaufen, als die klassische Simulation erwarten lässt. Nach längeren Belastungszeiten zeigt die Simulation ohne Berücksichtigung von langsamen Polarisationsmechanismen jedoch ein schnelleres Abklingen des Übergangsvorgangs. Das ist für die Auslegung der Isoliersysteme bzgl. Prüfzeiten, Prüfspannungen und Betriebsbelastungen von großer Bedeutung. Weiterhin ergeben die Messungen und erweiterten Simulationen am Beispiel einer HGÜ-Durchführung, dass die stationären Zustände sich erst nach sehr langen Zeiten einstellen. Es ist jedoch nicht möglich eine allgemeine Aussage für HGÜ-Isoliersysteme zu treffen. Die neue Methodik bietet jedoch die Möglichkeit, die Auslegung in Bezug auf Prüfspannungen und Prüfzeiten zu gestalten.

Zusammenfassend lässt sich folgendes Fazit ziehen:

Es wurden Grenzen bzw. Lücken der vorhandenen klassischen Netzwerk- und FEM-Berechnungsmöglichkeiten bzgl. der dielektrischen Eigenschaften von Hochspannungsisolierwerkstoffen für Gleichspannungsanwendungen aufgezeigt. Die diesbezüglich erweiterte Methodik und die hierfür aufgestellten Differentialgleichungssysteme können dagegen das dielektrische Verhalten (insbesondere auch einzelne sowie überlagerte Polarisationsmechanismen) physikalisch begründet und temperaturabhängig beschreiben. Dies wurde messtechnisch an einem HGÜ-Isoliersystem in einer Transformatordurchführung für elektrische und thermische Ausgleichsvorgänge überprüft und quantitativ verifiziert. Es wurden verschiedene Belastungsszenarien, auch unter Einschluss von Umpolvorgängen simulativ und experimentell untersucht. Das beschriebene Verfahren zur Charakterisierung der dielektrischen Materialeigenschaften ist nicht auf Durchführungen beschränkt. Es kann angewendet werden, wenn die betrachteten Materialien ein lineares Polarisationsverhalten zeigen, was bei vielen Feststoffen angenommen werden kann. Die Ergebnisse der Dissertation bieten Herstellern von Hochspannungskomponenten, aber auch der Forschung neue Möglichkeiten Isoliersysteme auszulegen, zu optimieren und zu bewerten. Damit wird ein Beitrag zur Weiterentwicklung von komplexen HGÜ-Isoliersystemen geleistet.

9 Quellenverzeichnis

[Alf00] J. J. Alff, V. Der Houhanessian, W.S. Zaengl, A.J. Kachler; **A novel, compact instrument for the measurement and evaluation of relaxation currents conceived for on-site diagnosis on electric power apparatus**; IEEE Symposium on Electrical Insulation, Anaheim, USA, 2000

[Bac14] K. Backhaus, J. Speck, M. Hering, S. Großmann, R. Fritsche; **Nonlinear dielectric behaviour of insulating oil under HVDC stress as a result of ion drift**; ICHVE, Poznan, 2014

[Bac16] K. Backhaus; **Das dielektrische Verhalten der Öl-Papier-Isolierung bei Belastung mit hoher Gleichspannung**; Dissertation, Technische Universität Dresden, 2016

[Deb29] P. Debye; **Polar Molecules**; Dover Publications, Inc., USA, 1929

[Dun15] A. Dunz; **Analyse der Stromtragfähigkeit von Hochspannungsdurchführungen mittels thermisch-elektrisch gekoppelter Analysen;** Dissertation, Bergische Universität Wuppertal; 2015

[Gre14] R. Gremaud, F. Molitor, C. B. Doiron, T. Christen, U. Riechert, U. Straumann, B. Källstrand, K. Johansson, O. Hjortstam; **Solid Insulation in DC Gas-Insulated Systems;** CIGRE Paris, 2014

[Gre16] R. Gremaud, F. Molitor, C. B. Doiron, M. Baur, P. Simka, V. Teppati, U. Riechert, U. Straumann, B. Källstrand, K. Johansson, M. Hering, J. Speck, S. Grossmann; **Solid-gas insulation in HVDC gas-insulated system: Measurement, modeling and experimental validation for reliable operation**; CIGRE Paris, 2016

[Guo83] T.C. Guo, W.W. Guo; **A transient-state theory of dielectric relaxation and the Curie-von Schweidler law**; Journal of Physics C: Solid State Physics, vol. 16, 1983

[Hal11] M. Haller; **Untersuchung der dielektrischen Eigenschaften von Isolierwerkstoffen von HGÜ-Betriebsmittel**; Masterarbeit, Hochschule Würzburg-Schweinfurt, Schweinfurt, 2011

[Her14] M. Hering, R. Gremaud, J. Speck, S. Großmann, U. Riechert; **Flashover Behaviour of Insulators with Inhomogeneous Temperature Distribution in Gas Insulated Systems under DC Voltage Stress**; ICHVE, Poznan, 2014

[Her15] M. Hering, J. Speck, K. Backhaus, S. Großmann, U. Riechert; **Capacitive-resistive transition in gas insulated DC systems under the influence of particles on the insulator surface**; The 19th international Symposium on High Voltage Engineering, Pilsen, 2015

[Her16] M. Hering; **Überschlagsverhalten von Gas-Feststoff-Isoliersystemen unter Gleichspannungsbelastung**, Dissertation, Technische Universität Dresden, 2016

[Her17] M. Hering, J. Speck, S. Großmann, U. Riechert; **Field Transition in Gas-insulated HVDC Systems**; IEEE DEIS Dielectrics and Electrical Insulation Society, 2017

[Heß17] N. Heßdörfer, **Versuchsstand für die Verifikation thermisch-elektrischer Simulation von Hochspannungsisoliersystemen**; Masterarbeit, Hochschule Würzburg-Schweinfurt, 2017

[Hop17a] K. Hopf, I. Wirth, S. Sturm, A. Küchler, M. H. Zink, A. Langens; **Temperature-dependent and anisotropic electrical conductivity of resin-impregnated paper**; Power and Energy Student Summit, Nürnberg, 2017

[Hop17b] K. Hopf; **Entwicklung und Realisierung eines Messkonzepts zur Ermittlung dielektrischer Eigenschaften von Hochspannungs-isolierwerkstoffen**; Masterarbeit, Hochschule Würzburg-Schweinfurt, 2017

[HSP11] HSP Hochspannungsgeräte GmbH; Produktbroschüre STARIP®-Si, 2011

[Hül07] F. Hüllmandel, M. Appold, A. Küchler, R. Krump, J. Titze; **Condition Assessment of High Voltage Bushings by Means of Dielectric Diagnosis with PDC**; 15th International Symposium on High Voltage Engineering Ljubljana, Slovenia, 2007

[IEC04] IEC 62199:2004, DIN EN 62199 und VDE 0674501; **Bushings for d.c. application**, 2004

[IEC14] IEC 60287-1-1; **Electric cables - Calculation of the current rating - Part 1-1: Current rating equations (100 % load factor) and calculation of losses-General**; 2014

[Imb16] A. Imburgia, R. Miceli, E. R. Sanseverino, P. Romano, F. Viola; **Review of space charge measurement systems: acoustic, thermal and optical methods**; IEEE Transactions on Dielectrics and Electrical Insulation, Volume: 23 , Issue: 5, S. 3126-3142 , October 2016

[Inc07] Incropera, DeWitt, Bergman, Lavine; **Fundamentals of Heat and Mass Transfer**; John Wiley & Sons Verlag, 6. Auflage, 2007

[Jer95] M. J. P. Jeroense, F. H. Kreuger; **Electrical Conduction in HVDC Mass-impregnated Paper Cable**; IEEE Transactions on Dielectrics and Electrical Insulation; Vol. 2 No. 5, S. 718-723; 1995

[Jon96] A. K. Jonscher; **Universal Relaxation Law**; Chelsea Dielectrics Press, London, 1996

[Kle11] B. Klein; **FEM: Grundlagen und Anwendungen der Finite-Element-Methode im Maschinen- und Fahrzeugbau**; Springer Verlag, 9.Auflage, 2011

[Kre95] F. Kreuger; **Industrial High DC Voltage**; Delft University Press, Delft, 1995

[Küc05] A. Küchler, F. Hüllmandel, K. Böhm; **Einfluss äußerer Grenzflächen auf die dielektrische Diagnose betriebsgealteter Hochspannungsdurch-führungen**; ETG-Fachtagung „Grenzflächen in elektrischen Isoliersystemen: Beanspruchungen, Design, Prüfverfahren, Lebensdauer“, Hanau, 8./9. März 2005

[Küc07] A. Küchler, F. Hüllmandel, K. Böhm, M. Liebschner; **Charakterisierung von Isolierstoffen und Isoliersystemen durch Polarisations- und Depolarisationsstromanalysen (PDC-Analysen)**; 1. Burghäuser Isolierstoffkolloquium, Burghausen, Juni 2007

[Küc15] A. Küchler; **Ausbildung und Steuerung elektrischer Felder bei Gleichspannungsbeanspruchung**; RCC Fachtagung, S. 12-50, Berlin, 2015

[Küc16a] A. Küchler, U. Piovan, I. Atanasova-Höhlein, M. Berglund, G. Chen, A. Denat, J. Fabian, R. Fritsche, T. Grav, S. Gubanski, S. Jaufer, M. Kadowaki, Ch. Krause, A. Langens, S. Mori, B. Noirhomme, H. Okubo, Ch. Perrier, M. Rösner, F. Scatiggio, J. Schiessling, F. Schober, P. Smith, P. Wedin (A2/D1.41); **HVDC Transformer Insulation: Oil Conductivity**; CIGRÉ Technical Brochure 646 (JWG A2/D1.41), Paris, 2016

[Küc16b] A. Küchler, J. Paulus, S. Sturm, I. Wirth, M. H. Zink, A. Dunz, A. Langens; **Erhöhung der Transportfähigkeit von AC- und DC-Hochspannungsnetzen mittels gekoppelten mittels gekoppelter thermisch-elektrischer Untersuchungen kritischer Komponenten**; Konferenz „Zukunftsfähige Stromnetze“, Berlin, 2016

[Küc17] A. Küchler; **Hochspannungstechnik: Grundlagen-Technologie-Anwendungen**; VDI-Buch, Springer Verlag, Heidelberg, 3. Auflage, 2017

[Les59] G. Lesch; **Lehrbuch der Hochspannungstechnik**; Springer Berlin, Heidelberg, 1959

[Lin] https://www.linseis.com/de/unsere-produkte/waermeleitfaehigkeit-temperaturleitfaehigkeit/thb-transient-hot-bridge/; abgerufen am 17.07.2018

[Lut11] B. Lutz; **Einflussfaktoren auf die elektrische Feldverteilung in Isoliersystemen mit polymeren Isolierstoffen bei Gleichspannungsbelastung**; Dissertation, TU München, 2011

[Mei11] V. Meier; Bericht über den aktuellen Stand der Transient-Hot-Bridge-Technik; Physikalisch-Technische Bundesanstalt, Braunschweig, 2011

[NEP18] Netzentwicklungsplan der Bundesnetzagentur: Genehmigung des Szenariorahmens 2019-2030; Stand: 15. Juni 2018

[Occ67] E. Occhini, G. Maschio; **Electrical characteristics of oil-impregnated paper as insulation for HVDC cables**; IEEE Transactions on Power Apparatus and Systems, Band 86 (Ausgabe 3): S. 312–326, 1967

[Reu14] A. Reumann, A. Küchler, I. Wirth; **Erfassung transienter elektrischer Potentialverteilungen in thermisch hoch belasteten Gleichspannungsdurchführungen**; ETG-Fachtagung Diagnostik Elektrischer Betriebsmittel, Berlin, ETG-Fachbericht 144, VDE-Verlag, Nov. 2014

[Reu20] A. Reumann; **Transiente und stationäre Potentialverteilung in Gleichspannungsdurchführungen bei thermischen Belastungen**; Dissertation, Ilmenau, 2020

[Roc17] J. Rockström, Owen Gaffney, Joeri Rogelj, M. Meinsausen, et. al.; **A roadmap for rapid decarbonization**; Science Vol. 355, Issue 6331, pp. 1269-1271, März 2017

[Sch07] E. R. v. Schweidler; **Studien über Anomalien im Verhalten der Dielektrika**; Annalen der Physik, Band 329, Heft 24, 1907

[Sch11] A. J. Schwab; **Hochspannungsmesstechnik**; Springer-Verlag 3. Auflage, Berlin, 2011

[Sch14] F. Schober, A. Krieg, A. Küchler, M. Liebschner, F. Berger; **Parameter influences on HVDC transformer insulation and its link to conduction processes**; 32nd International Conference "Science in Practice", Osijek, Croatia, 2014

[Sch16] F. Schober; **Elektrische Leitfähigkeit und dielektrisches Verhalten von Pressspan in HGÜ-Isoliersystemen**; Dissertation, Universitätsverlag Ilmenau, 2016

[Sch17] M. Scheler, M. Rossner, U. Prucker, F. Berger, A. Hopf; **Characterization of the volume conductivity and the polarization behavior of biaxially-oriented polyester films for use in HVDC bushings**; Electrical Insulation Conference (EIC), Baltimore, MD, USA, 11 - 14 June 2017

[Sep11] H. I. Septayani, I. Arifianto, A. P. Purnomoadi; **High Voltage Transformer Bushing Problems**; ICEEI, Bandung, E13-6, 2011

[Stä11] M. Stäblein; **Experimentelle und theoretische Untersuchungen zum gekoppelten thermisch-elektrischen Verhalten von Hochspannungs-durchführungen**; Masterarbeit, Hochschule Würzburg-Schweinfurt, Schweinfurt, 2011

[Stu17] S. Sturm, I. Wirth, J. Paulus, M. H. Zink, A. Küchler, F. Berger; **Transient dielectric simulation in time domain with FEM in comparison with circuit models**; XIX International Symposium on Theoretical Electrical Engineering, Ilmenau, 2017

[Ten11] S. Tenbohlen, F. Vahidi, J. Gebauer, M. Krüger, P. Müller; **Assessment of power transformer reliability**; The 17th ISH International Symposium on High Voltage Engineering, Hannover, 22.-26.08.2011

[Wei17] R. Weiß; **Entwicklung eines Netzwerkmodells zur Simulation des dielektrischen und thermischen Verhaltens von Hochspannungsdurchführungen**; Master-Thesis, Hochschule Würzburg-Schweinfurt, 2017

[Wir15] I. Wirth, A. Reumann, A. Küchler, M. H. Zink, F. Berger; **Steady-state and transient electrical potential distributions in HVDC bushings measured under different thermal conditions**; The 19th International Symposium on High Voltage Engineering, Pilsen, Czech Republic, 2015

[Wir17] I. Wirth, N. Heßdörfer, A. Küchler, M. H. Zink, A. Langens und F. Berger; **Measurements and calculations of critical thermal and electrical stress conditions for HVDC bushings**; The 20th international Symposium on High Voltage Engineering, Buenos Aires Argentina, 2017

[Wir18a] I. Wirth, A. Küchler, M. H. Zink, F. Berger, A. Langens; **Elektrische Feldverteilung und Polarisationsströme in HGÜ Durchführungen**; Fachtagung Polymere Isolierstoffe und ihre Grenzflächen, Zittau, 2018

[Wir18b] Wirth, S. Sturm, A. Küchler, M. H. Zink, F. Berger, T. Schnitzler; **Berücksichtigung von Leitungs- und Polarisationsmechanismen in transienten FEM-Simulationen von HGÜ-Isoliersystemen**; VDE Hochspannungstechnik 2018, Berlin, 12-14. November 2018

[ZAE] Messergebnisse ZAE Bayern, Hitzdraht-Methode, Bayerisches Zentrum für angewandte Energieforschung e.V., Würzburg, 2007

[Zha18] S. Zhao, J. Kindersberger, M. Hering, K. Juhre; **Einflussfaktoren auf die Feldverteilung von GIS-Schottisolatoren bei Gleichspannungsbelastung**; VDE Hochspannungstechnik 2018, Berlin, 12-14. November 2018

[Zin13] M. H. Zink; **Zustandsbewertung betriebsgealterter Hochspannungs-transformatordurchführungen mit Öl-Papier-Dielektrikum mittels dielektrischer Diagnose**; Dissertation, Universitätsverlag Ilmenau, 2013

[Zin17] M. H. Zink, K. Hopf; **Correction of temperature for dielectric measurements in time domain**; The 20th international Symposium on High Voltage Engineering, Buenos Aires Argentina, 2017

Anhang

A: Probenvorbereitung

Im Folgenden wird chronologisch der Vorgang zur Probenvorbereitung für die Bestimmung der Materialparameter beschrieben.

(1) Die Materialproben werden angelehnt an [Sch16, S. 52] hergestellt. Dabei ist auf eine möglichst flache Probe mit ausreichender Elektrodenfläche zu achten (8-Kant mit einer Weite von 160 mm). Die Seiten der Probe sollten möglichst parallel sein und eine geringe Rauigkeit aufweisen (z. B. Schleifen mithilfe von Vakuumsauger um Neigung zu vermeiden). Die Mittlere Probendicke wird gemessen.

(2) Die Materialproben werden gesäubert (Isopropanol, fusselfreie Tücher) und anschließend im Vakuum ($p<0{,}1$ mbar) bei 90 °C konditioniert (Bild 59).

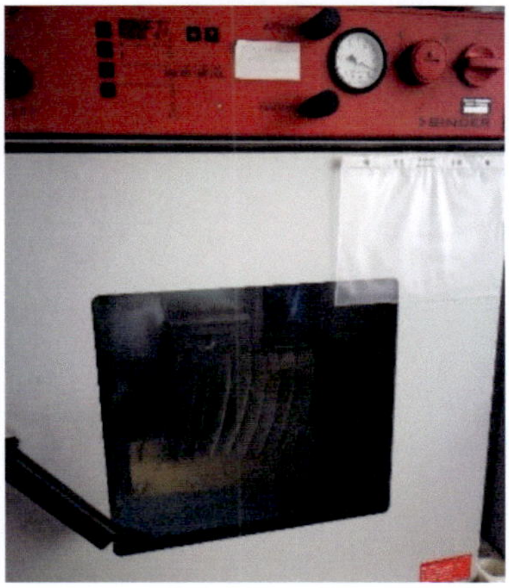

Bild 59: Vakuumschrank zur Konditionierung der Materialproben

(3) Die mit Aceton und Wasser gereinigte Messzelle wird im Vakuumofen für 12 Stunden auf 70 °C temperiert und anschließend 24 h evakuiert ($p<0{,}1$ mbar). Damit wird eine trockene und gereinigte Messumgebung sichergestellt.

(4) Um einen guten Kontakt von Material zur Elektrodenoberfläche zu gewährleisten, die Spannungsfestigkeit des Aufbaus zu Erhöhen und nicht eine Luft-Materialkombination zumessen, werden die Feststoffe nach Möglichkeit unter trockenem Öl untersucht. Die Materialien müssen dafür chemisch beständig gegenüber Ölen sein. Durch Trocknung und Reinigung des Öles wird sichergestellt, dass die Flüssigkeit nicht den Feststoff befeuchtet und Fremdkörper die Messung beeinflussen. Dabei wird es von einem Wärmebad 65 °C über einen Mikrofilter in die Messzelle gefüllt (Dünnschichtentgasung siehe [Les59])

(5) Durch eine redundante Karl-Fischer-Titration des Isolieröls vor und nach den Messungen wird sichergestellt, dass keine Feuchtigkeitszunahme stattgefunden hat.

(6) Die Materialproben werden im Isolieröl zwischen den Elektroden positioniert und wiederum bei 70 °C über 24 h unter Vakuum getrocknet.

(7) Es wird sowohl mittels einer Scheringmessbrücke das 50 Hz-Verhalten (Dielektrizitätszahl, Verlustfaktor), als auch mittels PDC Messungen das HGÜ-Verhalten untersucht.

B: Elektrische Materialparameter

In der Tabelle 7 bis Tabelle 10 sind die dielektrischen Eigenschaften der Materialien der 123 kV-Durchführung aufgegliedert. Die Zeitkonstanten sind für eine Temperatur von 20 °C bestimmt.

Tabelle 7: Charakterisierung des Materials GFK

Wert		Wert		Wert	
κ_{1_ref}	2,90E+08 S/m	ε_1	2,60E-12 F/m	τ_1	1,62E+01 s
κ_{2_ref}	3,60E+06 S/m	ε_2	2,60E-12 F/m	τ_2	1,31E+03 s
κ_{3_ref}	4,50E+05 S/m	ε_3	5,10E-12 F/m	τ_3	2,05E+04 s
κ_{4_ref}	2,40E+04 S/m	ε_4	5,70E-12 F/m	τ_4	4,30E+05 s
κ_{5_ref}	2,30E+03 S/m	ε_5	2,30E-12 F/m	τ_5	1,81E+06 s
κ_0	1,40E+03 S/m	ε_r	5	τ_r	5,72E+07 s
		W_a	1,98E-19 J		

Tabelle 8: Charakterisierung des Materials Silikon HTV

Wert		Wert		Wert	
κ_{1_ref}	3,90E+00 S/m	ε_1	6,11E-13 F/m	τ_1	5,28E+00 s
κ_{2_ref}	5,35E-01 S/m	ε_2	1,12E-12 F/m	τ_2	7,05E+01 s
κ_{3_ref}	1,55E-01 S/m	ε_3	1,33E-11 F/m	τ_3	2,89E+03 s
κ_{4_ref}	4,64E-02 S/m	ε_4	2,23E-11 F/m	τ_4	1,62E+04 s
κ_0	2,58E-02 S/m	ε_r	2,8	τ_r	3,24E+04 s
		W_a	1,26E-19 J		

Tabelle 9: Charakterisierung des Materials RIP1/3 (normierte Größen mit * gekennzeichnet)

Wert		Wert		Wert	
κ_{1_ref}*	1,07E+02	ε_1*	1,28E-02	τ_1*	1,20E-04
κ_{2_ref}*	1,41E+01	ε_2*	2,36E-02	τ_2*	1,67E-03
κ_{3_ref}*	4,25E+00	ε_3*	9,64E-02	τ_3*	2,27E-02
κ_{4_ref}*	1,12E+00	ε_4*	6,44E-01	τ_4*	5,73E-01
κ_{5_ref}*	3,17E-01	ε_5*	2,86E+00	τ_5*	9,04E+00
κ_0*	1,00E+00	ε*	1,00E+00	τ_r*	1,00E+00
$\kappa_{\tan\delta}$*	9,47E-10	W_a	1,87E-19 J	$\tau_{\tan\delta}$*	7,90E-12

Tabelle 10: Charakterisierung des Materials RIP 2 (normierte Größen mit * gekennzeichnet)

Wert		Wert		Wert	
κ_{1_ref}*	3,41E+04	ε_1*	6,44E-03	τ_1*	1,89E-07
κ_{2_ref}*	2,71E+03	ε_2*	6,83E-03	τ_2*	2,52E-06
κ_{3_ref}*	5,16E+02	ε_3*	1,95E-02	τ_3*	3,77E-05
κ_{4_ref}*	8,62E+01	ε_4*	8,13E-02	τ_4*	9,43E-04
κ_{5_ref}*	2,02E+01	ε_5*	3,62E-01	τ_5*	1,80E-02
κ_{6_ref}*	4,29E+00	ε_6*	1,44E+00	τ_6*	3,35E-01
κ_0*	1,00E+00	ε*	1,00E+00	τ_r*	1,00E+00
$\kappa_{\tan\delta}$*	2,63E-10	W_a	2,08E-19 J	$\tau_{\tan\delta}$*	1,69E-13

C: Thermische Materialparameter

Die Wärmeleitfähigkeit und die spezifische Wärmekapazität wird mittels eines THB 100-Gerätes (Bild 60) bestimmt. Es wird das Heizbrückenverfahren „Transient-Hot-Bridge" (THB)" angewandt. Dabei kann laut [Lin] folgende Spanne gemessen werden:

- Wärmeleitfähigkeit 0,01 bis 100 W/m/K
- Temperaturleitfähigkeit 0,05 bis 10 mm²/s
- Spez. Wärmekapazität 100 bis 5000 kJ/m³/K

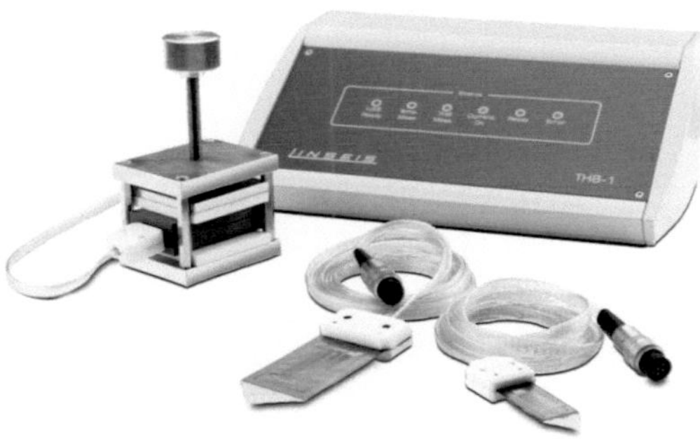

Bild 60: THB 100 [Lin]

Bei der transienten bzw. zeitabhängigen Messung wird neben der Wärmeleitfähigkeit ebenfalls die Temperaturleitfähigkeit bestimmt. Über einen elektrischen Leiter wird das zu untersuchende Material konstant erwärmt. Dabei wird parallel der Leiter als Widerstandsthermometer genutzt (Bild 61). Je nach zeitlicher Erwärmung kann auf die gesuchten Größen geschlossen werden.

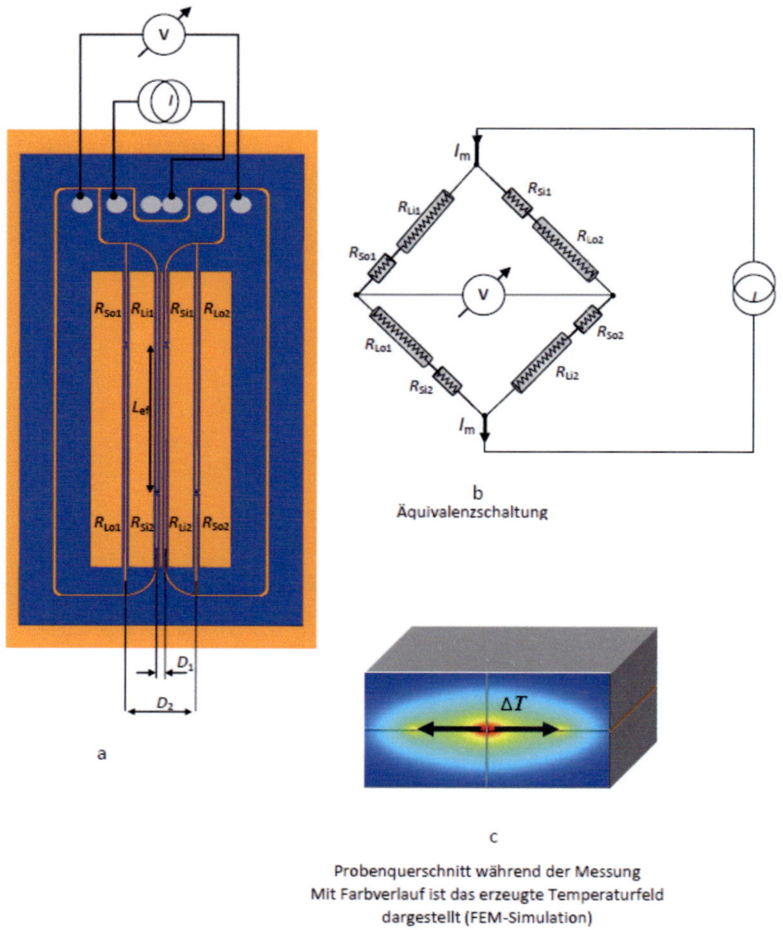

Bild 61: Funktionsweise THB-Sensors [Mei11, S.4]

Alternative Messsysteme z. B. zur stationären Bestimmung der Wärmeleitfähigkeit ist die Einplattenapparatur.

Die Messung der spezifischen Wärmekapazität wird mittels Kalorimeter durchgeführt. Die Beschreibung dieser Messsysteme sowie erste Materialanalysen von RIP, GFK, Silikon und PU-Schaum fanden bereits bei [Stä11] statt. Für die Dissertation wurden ergänzende Messungen mit dem THB 100 durchgeführt. Messdaten vom Bayerischen Zentrum für Angewandte Energieforschung e.V. (ZAE) wurden für den Vergleich herbeigezogen [ZAE].

Die für die Simulation notwendigen Parameter für Silikon und GFK sind in Tabelle 11 und Tabelle 12 dargestellt.

Tabelle 11: Notwendige Materialparameter HTV Silikon für die thermischen Berechnungen

Parameter	Wert	Einheit
λ (303 K)	0,203	W/m/K
λ (333 K)	0,194	W/m/K
λ (371 K)	0,191	W/m/K
λ (408 K)	0,182	W/m/K
ρ	1185	kg/m³
c_p	1550	J/kg/K

Tabelle 12: Notwendige Materialparameter GFK für die thermischen Berechnungen

Parameter	Wert	Einheit
λ (304 K)	0,47	W/m/K
λ (335 K)	0,475	W/m/K
λ (365 K)	0,49	W/m/K
λ (396 K)	0,5	W/m/K
ρ	2050	kg/m³
c_p	1200	J/kg/K

D: Elektrische Simulation in Microcap

Die Erkenntnisse zur elektrischen Simulation mittels Netzwerkmodellen sind nach [Wir18a] wie folgt:

„Mit einem fein aufgelösten *RC*-Modell in Microcap wird unter Einbeziehung der Materialparameter von RIP und PU-Schaum (elektrische Leitfähigkeit bei 50 °C ca. $3 \cdot 10^{-10}$ S/m) der Strom über den Flansch und über den 19. Steuerbelag simuliert.

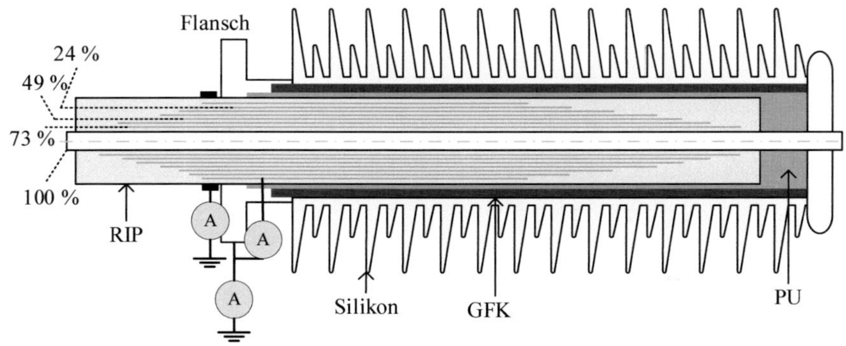

Bild 62: Durchführung mit Messabgriffen zur Strommessung am Flansch und am 19. Steuerbelag

Der PU-Schaum zeigt in der charakteristischen PDC-Messung kein signifikantes Polarisationsverhalten [Hop17a] und wird daher als Parallelwiderstandsnetzwerk angenommen. GFK und Silikon haben durch ihre Lage im feldschwachen Bereich und, im Vergleich zum PU-Schaum, niedrigen elektrischen Leitfähigkeit [Hop17a] nur minimalen Einfluss auf das Stromverhalten und können daher vernachlässigt werden. Der Aufbau des Modells ist an [Zin13] orientiert und besitzt 3500 Komponenten (1850 Widerstände, 1650 Kapazitäten). Oberflächenleitfähigkeiten wurden vernachlässigt. Der Vergleich von Messung und Simulation ist in Bild 63 dargestellt.

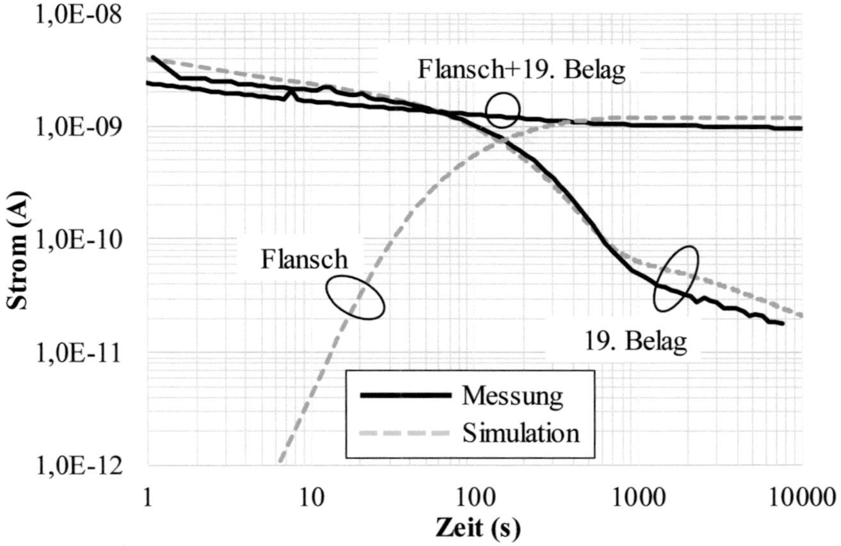

Bild 63: Simulierter (grau, strichliert) und gemessener (schwarz, durchgezogen)Stromverlauf bei 50 °C [Wir18a]

Sowohl der Strom des Flansches als auch der des 19. Steuerbelages können mittels der *RC*-Simulation abgebildet werden. Gründe für vorhandene Abweichungen können die Materialdaten sein, die aus flachen Proben ermittelt und anschließend auf eine rotationssymmetrische Durchführung umgerechnet werden. Des Weiteren ist das imprägnierte Krepppapier stochastisch gewellt und je nach Herstellung kann das Harz-Papierverhältnis unterschiedlich ausfallen. Die zur Bestimmung der elektrischen Eigenschaften genutzte flache Materialprobe hatte einen definierten Feuchtezustand durch Trocknung und Gewichtskontrolle, siehe [Hop17a]. Obwohl die Durchführung in Vakuumumgebung gelagert wird, kann nicht von einer identischen Materialfeuchte ausgegangen werden. Sowohl die PDC-Messung an der Materialprobe als auch an der Durchführung bzw. Wickel bringt einen gewissen Messfehler mit, da die spezifizierte Messauflösung des PDC-Gerätes bei 0,1 pA und die Messgenauigkeit bei ± 1 pA liegt. Zusätzlich können Störsignale die sensiblen Messsignale beeinflussen (z. B. Vibration). Des Weiteren kann in einem *RC*-Modell die Durchführung nur endlich genau abgebildet werden. In dem diskutierten Modell sind nur sechs statt der 19 Steuerbeläge simulativ aufgelöst. Randeffekte können daher nur begrenzt genau gelöst werden.

Trotz der vielen Einschränkungen, die das *RC*-Modell mit sich bringt, können die Verschiebungs- und Polarisationseffekte der Materialien im Stromverlauf abgebildet werden. Für eine feinere Auflösung muss auf die FEM Methode zurückgegriffen werden."

E: Nebeneffekte Oberflächenströme

Bereits in [Küc05] und in [Reu20] wird der Einfluss der Oberflächeneigenschaften auf die Ströme und auf die Potentialverteilungen erkannt und beschrieben. Zur Überprüfung des Einflusses der Oberflächenströme, wurden zum einen Messungen und zum anderen Simulationen in *RC*-Netzwerkelementen durchgeführt. Nach [Wir18a] folgt:

„Das Aktivteil wird für die Simulation in zwei Bereiche aufgeteilt. Die Materialdaten von harzimprägniertem Papier aus [Hop17a] werden wie in [Stu17] dargestellt extrahiert und auf die Volumina des Aktivteils umgerechnet. Mittels Arrhenius werden die Leifähigkeiten auf die jeweiligen Temperaturen angepasst. Die hierfür benötigte Aktivierungsenergie wurde durch Messreihen aus [Hop17a] ermittelt. Durch die Potentialabgriffe des Aktivteilprüflings […] sind Oberflächenwiderstände auf dem Aktivteil wirksam, die das dielektrische Verhalten beeinflussen. Um dies auch in der Simulation abzubilden, wird ein Widerstand R_O als Oberflächenstrompfad eingeführt, der einem Teil des Modells parallelgeschaltet ist, Bild 64.

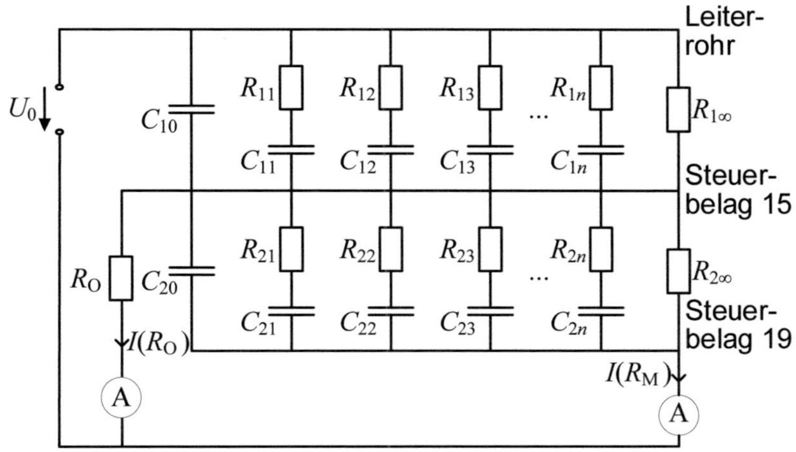

Bild 64: Schematisches *RC*- Netzwerk Modell des Aktivteils

Die Größe des Oberflächenstroms muss im ersten Schritt über die elektrische Leitfähigkeit von RIP und der Oberflächengröße abgeschätzt werden. Jedoch sind in Realität weitere Abgriffe vorhanden (5. und 10. Steuerbelag), die den Oberflächenstrom zusätzlich beeinflussen.

Das verwendete Netzwerkmodell kann somit nur als stark vereinfachte Abbildung eines RIP-Aktivteils gelten und der Oberflächenwiderstand repräsentiert die Summe aus möglichen Strompfaden.

Bild 65 zeigt den Betrag des Stromverlaufs $I(R_M)$ durch das Dielektrikum und über die Oberfläche $I(R_O)$ bei einer Umgebungstemperatur von 30 °C.

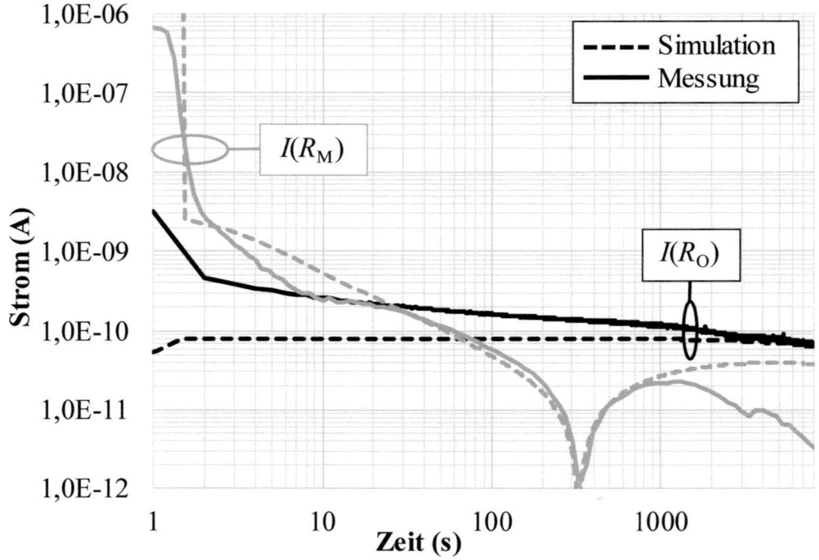

Bild 65: Gemessener (durchgezogene Linie) und simulierter (gestrichelte Linie) Strom durch das Dielektrikum $I(R_M)$ (grau) und über die Oberfläche $I(R_O)$ (schwarz) bei 30 °C

Die Messung bei 30 °C zeigt 360 s nach dem angelegten Spannungssprung von 10 kV eine Polarisationsumkehr im Stromverlauf durch das Dielektrikum. Die Umkehr entsteht aufgrund des partiellen parallelen Einfluss des Oberflächenwiderstandes. Ähnliche Effekte sind bereits in [Hül07] beschrieben worden. Die Höhe des Oberflächenwiderstandes, die Durchgangswiderstände des Dielektrikums und die Kapazitäten definieren die zeitliche Lage der Polarisationsumkehr. Die erhöhte relative Luftfeuchtigkeit von 35 % bei der in Bild 65 dargestellen Messung führt zu einer erhöhten elektrischen Leitfähigkeit der Oberfläche. In Folge dessen ist der Oberflächenstrom in Bild 65 zum Zeitpunkt 1000 s 6-fach höher als der absolute Strom durch das Dielektrikum. Durch eine simulative und theoretische Erhöhung des Oberflächenwiderstandes wird die Polarisationsumkehr im Dielektrikum im Zeitbereich nach rechts verschoben. Wird er erniedrigt findet die Stromumkehr zeitlich früher statt.

Der gemessene Oberflächenstrom (Bild 65 schwarz, durchgezogen) zeigt ebenfalls ein Polarisationsverhalten. Dies kann in der Simulation durch zusätzliche *RC*-Elemente auf dem Aktivteilkörper implementiert werden. Der reine Widerstand reicht nicht aus, um das Verhalten korrekt zu beschreiben (siehe $I(R_O)$ in Bild 65). Simulation und Messung des Polarisationsstromes durch das Dielektrikum werden dagegen gut abgebildet. Der Anfangsbereich der Messung ist fehlerbehaftet, da die externe Spannungsquelle mit angeschlossenem Prüfling eingeschaltet wird. Die Spannungsquelle benötigt ca. 2 Sekunden um die Spannung von 10 kV zu stabilisieren. Dies wurde in der Simulation durch einen linearen Anstieg von 2 Sekunden berücksichtigt.

In Bild 66 ist der gemessene und simulierte Stromverlauf bei 50 °C und einer Spannung von 10 kV dargestellt. Das Simulationsmodell wurde mit drei zusätzlichen zu R_O parallelen *RC*-Gliedern erweitert, um das Polarisationsverhalten der Oberfläche besser abzubilden. Bei 50 °C ist die Leitfähigkeit des Dielektrikums um den Faktor 10 im Vergleich zu 30 °C höher, daher hat der Oberflächenwiderstand einen geringeren Einfluss auf die Potentialaufteilung im Isoliersystem. Des Weiteren beträgt die realtive Luftfeuchtigkeit 3,7 % und verringert dadurch zusätzlich die Oberflächenleitfähigkeit. Der Oberflächenstrom ist kleiner als der Durchgangsstrom und es findet im simulierten und gemessenen Zeitbereich von 4000 s keine Stromumkehr statt.

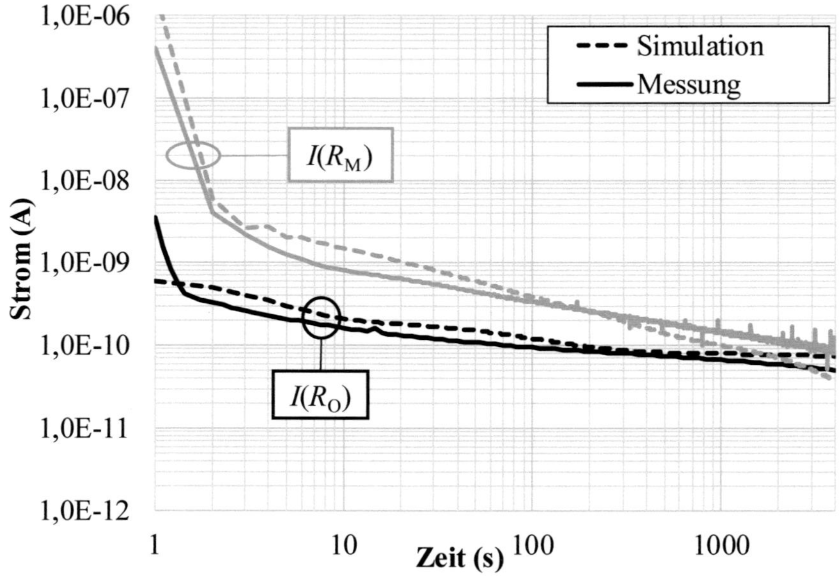

Bild 66: Gemessener (durchgezogene Linie) und simulierter (gestrichelte Linie) Strom durch das Dielektrikum $I(R_M)$ und über die Oberfläche $I(R_O)$ bei 50 °C

F: Detailansicht Netz

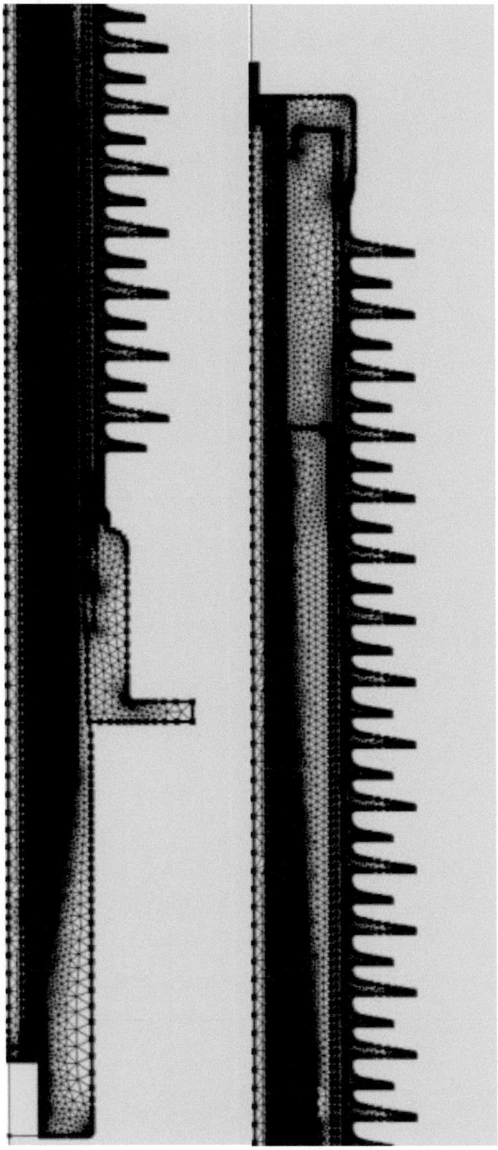

Bild 67: Vernetzung der Durchführung (Transformatorseite links, Kopfseite rechts)

Veröffentlichungen

- A. Reumann, A. Küchler, I. Wirth; Erfassung transienter elektrischer Potentialverteilungen in thermisch hoch belasteten Gleichspannungs-durchführungen; ETG Diagnostik, Berlin, 2014
- I. Wirth, A. Reumann, A. Küchler, M. H. Zink, F. Berger; Steady-state and transient electrical potential distributions in HVDC bushings measured under different thermal conditions; 19th International Symposium on High Voltage Engineering Conference, Pilsen, 2015
- I. Wirth, A. Reumann, M. H. Zink, A. Küchler, A. Langens, T. Schnitzler; Messung elektrischer und thermischer Transienten an Hochspannungs-gleichstromdurchführungen; Highvolt Kolloquium, Dresden, 2015
- I. Wirth, N. Heßdörfer, A. Küchler, M. H. Zink, A. Langens und F. Berger; Measurements and calculations of critical thermal and electrical stress conditions for HVDC bushings; 20th International Symposium on High Voltage Engineering, Buenos Aires, 2017
- K. Hopf, I. Wirth, S. Sturm, A. Küchler, M. H. Zink, A. Langens; Temperature-dependent and anisotropic electrical conductivity of resin-impregnated paper; Power and Energy Student Summit, Nürnberg, 2017
- S. Sturm, I. Wirth, J. Paulus, M. H. Zink, A. Küchler, F. Berger; Transient dielectric simulation in time domain with FEM in comparison with circuit models; XIX International Symposium on Theoretical Electrical Engineering, Ilmenau, 2017
- I. Wirth, A. Küchler, M. H. Zink, F. Berger, A. Langens; Elektrische Feldverteilung und Polarisationsströme in HGÜ Durchführungen; Fachtagung Polymere Isolierstoffe und ihre Grenzflächen, Zittau, 2018
- I. Wirth, S. Sturm, A. Küchler, M. H. Zink, F. Berger, T. Schnitzler; Berücksichtigung von Leitungs- und Polarisationsmechanismen in transienten FEM-Simulationen von HGÜ-Isoliersystemen; VDE-Hochspannungstechnik 2018, Berlin, 2018
- M. Koch, J. Hohloch, I. Wirth, S. Sturm, M. H. Zink, A. Küchler; Experimental and simulative analysis of the thermal behavior of high voltage cable joints; VDE-Hochspannungstechnik 2018, Berlin, 2018

❖ I. Wirth, A. Reumann, A. Küchler, M. H. Zink, F. Berger, A. Langens, T. Schnitzler, B. Heil; Measurement and simulation of transient field stresses and impacts on advanced insulation design and new test procedures for HVDC components; Cigre-Konferenz, Paris, 2020